Deutsche Nationalbibliographie

Reihe A: Neuerscheinungen des Buchhandels

Anschriften der Verlage deutschsprachiger Schriften

Bearbeitet und herausgegeben von der

Deutschen Bücherei

Jg. 1953 Sonderheft

VEB Verlag für Buch- und Bibliothekswesen

Sonderdruck aus
„Jahresverzeichnis des deutschen Schrifttums 1951"

Berücksichtigt sind die Verlage, die im Jahresverzeichnis 1951 mit Werken ihrer Produktion vertreten sind, soweit es sich nicht um amtliche Stellen, Vereine und Selbstverleger handelt. – Die alphabetische Ordnung wurde in Anlehnung an das Adreßbuch des deutschen Buchhandels von 1948 gestaltet, weicht also von der im Titelverzeichnis der Nationalbibliographie und im Jahresverzeichnis sonst angewendeten Ordnungsweise ab. – Für die in den künftig erscheinenden Jahresverzeichnissen zu veröffentlichenden Anschriftenlisten wird um Mitteilung von etwa eingetretenen Adressenänderungen gebeten.

Anschriften der Verlage deutschsprachiger Schriften

ABC der Deutschen Wirtschaft Verlagsgesellschaft m. b. H., Heppenheim, jetzt: Darmstadt, Gerauer Allee; Berlin-Schöneberg, Am Park 9-10; Essen, Jägerstr. 23-25.

Abendländische Verlagsanstalt G. m. b. H., Innsbruck, Museumstr. 22.

Abraham, Andreas, Nürnberg, Harsdörfferstr. 32-34.

A-B-Z-Druck- und Verlagsanstalt Hamann & Sinek, Wien, VII., Richtergasse 4.

Achterberg, Georg, Verlag für Berufsbildung, Berlin-Lichterfelde, Frauenstr. 5.

Ackermanns Kunstverlag, Friedrich Adolf, München 5, Pestalozzistr. 54.

Ackermann-Verlag, Anna, Stuttgart W, Senefelder Str. 75.

Ackermann-Verlag, Wunsiedel, Maximilianstr. 9.

Acker-Verlag, Joh. Hilgenstock, Berlin N 31, Ackerstr. 139 (Hof).

Adler-Druckerei und Verlagsanstalt, Stuttgart-Zuffenhausen, Ludwigsburger Str. 156.

Adreßbuch der Hauptstadt Hannover Verlags-G. m. b. H., Walter Dorn, Hannover, Finkenstr. 5.

Adreßbuchverlag Dr. Oscar Born, Wuppertal-Barmen, Meckelstr. 66, Postf. 78.

Adreßbuch-Verlag Josef Dorr, München 2, Promenadestr. 9 IV.

Adreßbuch-Verlag Nordhorn, Nordhorn, Jahnstr. 3-8.

Adreßbuch-Verlagsgesellschaft Ruf, München 15, Haydnstr. 1.

Adreßbuch- und Anzeigen-Werbegesellschaft, Bremen, Am Wall 192.

Advent-Verlag G. m. b. H., Hamburg 13, Grindelberg 11-17.

Adventverlag, Zürich, Stampfenbachstr. 85.

Adyar-Verlag, Graz, Kastellfeldgasse 14.

Aegis-Verlag Ernst Bauer, Ulm (Donau), Gideon-Bacher-Str. 3.

Ähren-Verlag A. Hartnagel & E. Leinhas, Heidelberg, Hauptstr. 20.

Aehren-Verlag Dr. Jakob Weiß, Affoltern am Albis (Kt. Zürich).

Aeneas-Verlag, München 23, Gundelindenstr. 4.

Ärzte-Verlag G. m. b. H., Köln, Melchiorstr. 14.

Afas-Musikverlag, Berlin-Zehlendorf, Potsdamer Str. 98.

Agathonverlag Leopold Rochowanski, Wien, I., Herrengasse 21.

Agentur des Rauhen Hauses G. m. b. H., Hamburg 36, Jungfernstieg 50 I.

Agis-Verlag G. m. b. H., Krefeld, Luth. Kirchstr. 51, Postf. 159.

Agostini, de, Novara, s. **De Agostini.**

Agricola-Verlag G. m. b. H., Hamburg 36, Neuer Wall 72.

Akadémiai Kiadó, Budapest, V., Alkotmány-utca 21.

Akademie-Verlag, G. m. b. H., Berlin NW 7, Schiffbauerdamm 19.

Akademische Buchgenossenschaft der Schweizer. Studentenschaften, Zürich, Leonhardstr. 33.

Akademische Buchhandlung Helsinki, Helsinki, Keskuskatee 2.

Akademische Druck- und Verlagsanstalt, Graz, Theodor-Körner-Str. 40/I.

Akademische Verlagsgesellschaft Athenaion, Potsdam, s. **Potsdamer Verlagsgesellschaft m. b. H.**, Produktions-Gruppe Akademische Verlagsgesellschaft Athenaion.

Akademische Verlagsgesellschaft Geest & Portig K. G., Leipzig C 1, Sternwartenstr. 8.

Akademischer Gemeinschaftsverlag G. m. b. H., Salzburg, Michael-Pacherstr. 1; München 2, Ledererstr. 25.

Akademischer Verlag, Budapest, s. **Akadémiai Kiadó.**

Akademischer Verlag Dr. Belej, München 11, Postf. 49.

Akademischer Verlag (Dr. Dr. Wilhelm H. Polzer), Graz, Jakoministr. 17 (erloschen).

Akateeminen Kirjakauppa, Helsinki, s. **Akademische Buchhandlung.**

Aktion-Verlag, Frankfurt (Main), Postf. I/74.

Alber, Karl, München; Freiburg (Br.), s. **Verlag Karl Alber G. m. b. H.**

Albertus-Verlag, Zürich 23, Postf.

Albrecht Verlags-K. G., E., Bayreuth, Opernstr. 22.

Albrecht, Emil, Wien, I., Wallnerstr. 8.

Alb-Verlag Karl Bischoff, Laichingen (Württ.), Am Marktplatz.

Aldus Manutius Verlag, Zürich 6.

Alemannen-Verlag Franz Senghas, Stuttgart W, Senefelderstr. 14.

„Alfa-Edition", Wien, I., Tuchlauben 12-20.

Alfo Kunstdruck-Verlag, Kaiserslautern, Marktstr. 39.

Alippi, Werner, vorm. Moritz & Münzel, Wiesbaden, Wilhelmstr. 58.

Allen & Unwin, George, Ltd., London W. C. 1, Ruskin House, 40 Museum Street.

Allgemeine Gerichtszeitung, Augsburg, Göggingar Str. 43.

Allgemeine Wochenzeitung der Juden in Deutschland, Düsseldorf-Benrath, Hildenerstr. 35a.

Allgemeiner Deutscher Verlag, Berlin W 8, Jägerstr. 10-11.

Allgemeiner Fachverlag, Hamburg 1, Heidenkampsweg 32.

Allgemeiner Verlag, St. Gallen, s. **Allgemeiner Verlag Arthur Niggli**, Niederteufen.

Allgemeiner Verlag Arthur Niggli, Niederteufen (Kt. Appenzell); St. Gallen, Neugasse 42.

Allgemeiner Wegweiser, **Wegweiser Verlagsgesellschaft**, Darmstadt, Küchlerstr. 6.

Alma Mater Verlag Dr. Hans G. Hubberten, Tübingen, Karlstr. 8.

Almanach „Druck und Papier" F. Fackler, München 2, Weinstr. 4;
s. a. **Anzeigenfackler, F. Fackler**, München.

Almqvist & Wiksell, Uppsala, v. Agatan 16; Stockholm, Gamla Brogatan 26.

Alpenland-Buchhandlung, Graz (Steiermark), Joanneumring 11.

Alpen-Verlag, G. m. b. H., Salzburg, Rudolfskai 2.

Alpha-Druck, Verlag für Erziehung und Unterricht, Berlin W 35, Genthiner Str. 38.

Alpiner Verlag Fritz Schmitt, München 27, Düppeler Str. 20.

Alsace, L', Colmar, Mulhouse, s. **Edition Alsatia.**

Alsatia-Verlag A. G., Freiburg (Br.), Eisenbahnstr. 2.

Altberliner Verlag Lucie Groszer, Berlin C 2, Neue Schönhauser Str. 8.

Altdorfer Verlag, Stuttgart N, Räpplenstr. 20.

Altenburg, Gustav, K. G., Hamburg 43, Krausestr. 110; Leipzig C 1, Kleine Fleischergasse 8.

Altkönig-Verlag Dr. Georg Dietrich, Oberursel (Taunus).

Altorfer, Marcel, Basel, Marktgasse 21.

Alwerdo-Verlag Werner & Co., Berlin-Johannistal, Sternplatz 7.

Amadeo - Verlagsbuchhandlung, A. E. Eggenberger, Olten (Schweiz), Friedensstr. 90.

Amalthea-Verlag, Zürich, Akazienstr. 2; Wien, IV., Stalinplatz 7.

Amandus-Verlag, Wien, I., Weihburggasse 10-12.

Amann, Albert, München 19, Magdalenenstr. 16.

Amministrazione Athesia Tipografia, Bolzano, Via Portici 41.

Andermann, Wilhelm, München 15, Landwehrstr. 44; Wien, I., Biberstr. 11.

Andreas, Oskar, Wien-Hadersdorf, Stinglgasse 8.

Andreas-Verlag, Hallein (Salzburg), Bayerhammerplatz 300.

Angelsachsen-Verlag, Bremen, Böttcherstr. 4.

Anker-Romanvertrieb, Eulenthal üb. Siegburg.

Anker-Verlag, München, s. **Anker-Verlag u. Druckerei Meyer & Co.,** Frankfurt (Main).

„Anker-Verlag u. Druckerei Meyer & Co.", Frankfurt (Main), Bürgerstr. 6; Bremen-Delmenhorst, Am Dobben 123.

„Antaios" Adreß- und Anzeigenbuchverlag Emil Müller, Wien, I., Eschenbachgasse 11.

Anzeigen-Fackler, F. Fackler, München 2, Weinstr. 4.

„Anzeigen-Kurier", Wien, I., Wildpretmarkt 3.

Apollonia-Verlag, Basel, Mostackerstr. 5.

Apollo Verlag Kurt Peter Karfeld-Kögel, München 22, Widenmayerstr. 22; Baden-Baden; Innsbruck, Innrain 27.

Apollo-Verlag, Albert Kunzelmann, Zürich, Stockerstr. 37.

Appel Verlag, Ludwig, Hamburg 21, Gluckstr. 53.

Appelbergs Boktryckeri, Aktiebolag, Uppsala, Eddagatan 12.

Appelhans & Co., E., Braunschweig, Kalenwall 1.

arani - Verlags - G. m. b. H., Berlin-Grunewald, Bismarckplatz.

Arbeitsgemeinschaft der Fachbuch- und Fachzeitschriften-Verleger, Berlin C 2, Oranienburger Str. 16 (erloschen).

Arbeitsgemeinschaft medizinischer Verlage, Berlin SW 68, Neue Grünstr. 17-18.

Arbeitsgemeinschaft Thüringischer Verleger, Jena (aufgelöst).

Arbeitsrechts-Verlag, Hamburg 36, Neuer Wall 26-28.

„Arche, Die", Zürich, s. **Verlags-A. G. „Die Arche".**

Ardey Verlag G. m. b. H., Dortmund, Bremer Str. 16.

Arena-Verlag Georg Popp, Würzburg-II, Alte Kasernstr. 3½, Postf. 124.

Arends Verlag, Paul C. R., Berlin-Charlottenburg 2, Knesebeckstr. 30.

Arethusa Verlag Dr. Karl Dürr, Bern, Wallgasse 4.

Argo Verlag, München, Schönfeldstr. 11.

Argus-Roman-Verlag, München 8, Friedensstr. 3-4.

Argus-Verlag, Ebnat (Kt. St. Gallen).

Arlberg Zeitungsverlag Robert Barth, Bregenz (Vorarlberg), Belruptstr. 46.

Arnholdt, Kurt, Stuttgart-Bad Cannstatt, Martin-Luther-Str. 71.

Arnold, Konrad, Augsburger Adreßbuch-Verlag, Augsburg, Rote Torwallstr. 16.

Arnold Verlag, Oswald, Berlin-Charlottenburg 2, Bleibtreustr. 47.

Arnold, Ernst, G. m. b. H., Dortmund-Mengede, Am Markt.

„Ars sacra", München, s. **Verlag Ars sacra.**

Art sociologique, Metz, 20, rue Mazelle.

Artaria K.G., Wien, s. **Kartographische Anstalt, Freytag-Berndt und Artaria K. G.**

Artemis Verlags A. G., Zürich, Rämistr. 34.

Arti, Uitgeverij, Alkmaar (Holland), Spoorstraat 38.

Arti grafiche già Veladini u. C., S. A., Lugano (Kt. Tessin).

Artibus Asiae, Prof. R. Hadl, Ascona, (Kt. Tessin), Villa Maria.

Artistisches Institut Orell Füßli, Zürich, s. **Orell Füßli Verlag.**

Aschehoug & Co. W. Nygaard, Oslo, Sehestedsplatz 1-3-5.

Aschendorffsche Verlagsbuchhandlung, Münster (Westf.), Gallitzinstr. 13, Postf. 24.

Asgard-Verlag, Lübeck, Königstr. 1-3.

Asklepios-Verlag, Würzburg, Mergentheimer Str. 36.

Asmus Verlag, Johannes, Konstanz, Bahnhofsplatz 6.

Assecuranz-Compass, Verlag für Internationales Versicherungswesen, Wien, VIII., Piaristengasse 36/5.

Astoria-Verlag, Düsseldorf, Lorettostr. 34.

Athenäum, Budapest, VII., Erzsébet Körut 5-7.

Athenäum-Verlag, Gerhard von Reutern K. G., Bonn, Bad Godesberg, Büchelstr. 53.

Athenaion, Potsdam, s. **Potsdamer Verlagsgesellschaft, Prod. Gr. Akad. Verl. Ges. Athenaion.**

Athesia, Bolzano, s. **Amministrazione Athesia.**

Athlon-Verlag, Schwäbisch-Gmünd, Oberbettringer Str. 104.

Atlantik-Verlag Paul List, Hamburg 36, Hohe Bleichen 8-10; Frankfurt (Main), Hanauer Landstr. 263-265.

Atlantis-Verlag Dr. Martin Hürlimann A. G., Zürich, Zeltweg 16; Freiburg (Br.), Johanniterstr. 4.

Atlantropa Institut, München, Königinstr. 27.

Atrium-Verlag, A. G., Zürich 4, Physikstr. 4.

Attenkofer'sche Sortiments-Buchhandlung, Cl., Straubing vor München.

Aubier, Fernand, Edition Montaigne, Paris (6e), 13, Quai de Conti.

Auer-Verlag, G. m. b. H., Brüder, Bonn-Rheindorf, Karl-Legien-Str. 10.

Auer, Ludwig, Verlag Cassianeum, Donauwörth, s. **Verlag Ludwig Auer, Cassianeum.**

Auerdruck, Hamburg 1, Speersort. 1.

Aue-Verlag und Aue-Buchhandlung Dr. Joachim Gauger, Möckmühl (Württ.), Roigheimer Str. (unt. Papierfabrik).

Aufbau-Verlag, Berlin W 8, Französische Str. 32.

Aufwärts-Verlag Maxim Klieber, Berlin-Wannsee, Waltharistr. 2-4; München 15, Landwehrstr. 44.

Augustinus-Druckerei, St.-Maurice (Kt. Valais).

Augustinus-Verlag, Würzburg, Grabenberg 2.

Aulis-Verlag, Frankenberg (Eder), Neustädter Str. 46-48.

Aussaat-Verlag G. m. b. H., Hochweg-Verlag u. Jugend unter dem Wort, Wuppertal-Barmen, Besenbruchstr. 28.

Austria-Verlags-G. m. b. H., Wien, I., Bösendorferstr. 9.

Aventinus-Verlag Josef Kral & Co., Abensberg (Ndb.), Marienstr. 115.

Azed, A. G., Basel, Dornacher Str. 62.

Azizi, Wien, XIX., Sieveringer Str. 31.

Baader, A. u. L., Aachen, Jupp Müllerstr. 8.

Bach Verlag, August, Düsseldorf, Lorettostr. 34.

Bachem, J. P., Köln, Marzellenstr. 35-43, Bachemhaus.

Badenia-Verlag und Druckerei A.G., Karlsruhe (Bad.), Steinstr. 17-21.

Bader'sche Verlagsbuchhandlung Adolf Bader, Rottenburg (Neckar/Württ.), Jahnstr. 8.

Badische Druckerei u. Verlag J. Boltze G. m. b. H., Allensbach (Bodensee), Hafnerstr. 10.

Badstöber, Wien, s. **Verlag Badstöber.**

Baedeker, Karl, Hamburg, z. Zt. Malente-Gremsmühlen (Holst.).

Baedekers Autoführer-Verlag G. m. b. H., Stuttgart 13, Spittlerstr. 8.

Bärenreiter-Verlag, Kassel-Wilhelmshöhe, Heinrich-Schütz-Allee 31-37; Basel, Stapfelberg 6.

Bärenverlag, Oldenburg, jetzt: **Orso-Verlag,** Oldenburg (Oldenb.).

Bären-Verlag Herbert Behrens, Köln - Lindenthal, Kermeterstr. 18.

Baeschlin, J., Glarus (Schweiz).

Baessler Verlag, Carl, Bamberg, Vorderer Bach 8 I.

Bäuerle, Karl, Karlsruhe, Leopoldstr. 7.

Bagel, August, Düsseldorf, Grafenberger Allee 98-100.

Baken-Verlag Walter Schnoor, Hamburg 13, Abteistr. 34.

Bamberg, Dr. Hermann, Wien, s. **Verlag Dr. Hermann Bamberg.**

Bamberger Verlagshaus Meisenbach & Co., Bamberg, Domplatz 2.

Banderer, H., München, s. **Musikverlag H. Banderer.**

Bange Verlag, C., Hollfeld (Obfr.), Postf.

Bangs, August, København, Vesterbrogade 60.

Barbara-Verlag Karl Marklein o. H. G., Düsseldorf, Engerstr. 21a.

Barbier Verlag, Dr. Walter, Frankfurt (Main), Ludwig-Landmann-Str. 42; Schmitten (Taunus), Neue Mainzer Str. 56.

Bardtenschlager K. G., Robert, Reutlingen (Württ.), Aulberstr. 27, Postf. 50.

Bartens, Dr. Albert, Berlin, s. **Verlag Dr. Albert Bartens.**

Barth, J. A., Leipzig C 1, Salomonstr. 18b.

Barth, J. A., München 23, Kaiserstr. 1.

Barth-Verlag G. m. b. H., Otto Wilhelm, München-Planegg, Gautinger Str. 26.

Basic English Publishing Co., London W. C. 1, 45 Gordon Square.

Basler Druck- und Verlagsanstalt, Basel, Güterstr. 84.

Basler Missionsbuchhandlung G. m. b. H., Basel, Missionsstr. 21.

Bassenauer, V., Griesheim-Darmstadt, Prungstädterstr. 2.

Bassermann'sche Verlagsbuchhandlung, Friedrich, München-Obermenzing, Lustheimstr. 1.

Basten, Peter, Aachen, s. **Verlag Peter Basten.**

Bastion-Verlag, Vereinigte Verlagsanstalten G. m. b. H., Düsseldorf, Bastionstr. 14.

Bauer, Hermann, Freiburg (Br.), Jakob-Burckhardt-Str. 5, Postf. 16.

Bauer, Georg, Musik-Verlag, Karlsruhe, Adlerstr. 30.

Bauer Verlag, Otto, Stuttgart W, Lerchenstr. 67.

Bauer, Ernst, Ulm, s. **Aegis-Verlag, Ernst Bauer.**

Bauer, Heinrich Othmar, Wien, III., Gärtnergasse 1.

Bauer & Raspe, Nürnberg, Äußere Großweidenmühlstr. 12.

Bauernblatt für Schleswig-Holstein, Rendsburg, Nienstadtstr. 14.

Baumann, E. C., Kulmbach, s. **Verlag E. C. Baumann K. G.**

Baumgarten und Schuler, Stuttgart, jetzt: **Schuler-Verlag.**

Baumgartner, Hans, Warpke, Post Billerbeck (Hann.), s. **Druck- und Verlags-Anstalt Hans Baumgartner.**

Baumgartner, Ferdinand, Wien, XIX., Kreindlgasse 12.

Baur-Verlag, Ludwig, München 15, Schillerstr. 19.

Bauverlag G. m. b. H., Wiesbaden, Kleine Wilhelmstr. 7; Berlin-Wilmersdorf, Nassauische Str. 15.

Bauwelt-Verlag, Berlin, aufgegangen in: **Ullstein Aktiengesellschaft,** Berlin-Tempelhof.

Bauzeitung, Die, Stuttgart, in: **Deutsche Verlagsanstalt.**

Bayerische Verlagsanstalt G. m. b. H., Bamberg, Lange Str. 22.

Bayerischer Adreßbuchverlag A. & H. Kunze, München-Allach, Angerlohstr. 4.

Bayerischer Landwirtschaftsverlag, G. m. b. H., München 2, Marsstr. 22, Postf. 299.

Bayerischer Schulbuch-Verlag, München 19, Hubertusstr. 4.

Beacon-Verlag, Rimpar üb. Würzburg.

Beauchesne & fils, Paris (6e), 117, rue de Rennes.

Bechauf Verlag G. m. b. H., Ludwig, Bielefeld, Siechenmarschstr. 45.

Bechtle Verlag, Eßlingen (Neckar), Marktplatz 7.

Beck, Walter, Hünibach b. Thun (Kt. Bern), s. **Verlag „Der Lebensborn" Walter Beck.**

Beck'sche Verlagsbuchhandlung Oscar Beck, C. H., München 23, Wilhelmstr. 9; Berlin W 35, Potsdamer Str. 131.

Beck, C. H., Nördlingen (Schwaben), Bergerstr.

Beck, Eduard K. G., Straubing, Bahnhofstr. 2.

Beckert & Kümmerer-Verlag, München 22, Maximilianstr. 6.

Beckmann, Eduard F., Lehrte, s. **Verlag Eduard F. Beckmann.**

Beeck, Richard, Hannover, Bödekerstr. 57, Ecke Listerplatz.

Beer & Cie., Zürich, Peterhofstatt 10.

Beffort, Joseph, Luxembourg, 18, rue de la Poste.

Belej, Dr., München, s. **Akademischer Verlag Dr. Belej.**

Belin, Eugène, Paris (6e), 7, rue Férou.

Bell and Sons, Ltd., London W. C. 2, York House, Portugal Street.

Bellaria-Verlag, G. m. b. H., Wien, I., Bellariastr. 4.

Bellmann, Hermann, Dortmund, Weiherstr. 8.

Belser, Chr., Stuttgart W, Augustenstr. 13-15, Postf. 28.

Beltz & Sohn, o. H. G., Bad Blankenburg (Thür. Wald).

Beltz o. H. G., Julius, Weinheim (Bergstr.), Am Hauptbahnhof 10.

Belvedere Zeitschriften-Verlag, Wien, VIII., Alserstr. 17.

Benjamin, A. J., G. m. b. H., Hamburg 36, Dammstr. 14, (erloschen).

Bennefeld, Albert, Musik- und Bühnenverlag, Berlin-Charlottenburg 2, Schillerstr. 10; Wiesbaden, Bahnhofstr. 61.

Benteli A. G., Bern-Bümpliz.

Benziger & Co. A. G., Einsiedeln, s. **Verlagsanstalt Benziger & Co. A. G.**

Bequna-Verlag, Remscheid-Lennep, Karstadthaus.

Bercker-Verlag Theo Bercker, Kevelaer, Bußmannstr. 2.

Berg, Josef, München 8, Rosenheimer Str. 145.

Berger, Ferdinand, Horn (Niederösterr.), Wiener Str. 21.

Berger & Schwarz, Zwettl (Niederösterr.), Schulgasse 15-17.

Bergheimatverlag, Graz, Haydngasse 10.

„Bergland-Buch, Das," Salzburg, s. **Verlag „Das Bergland-Buch".**

Bergland-Kinder, Innsbruck, in: **Wagnersche Universitäts-Buchdruckerei.**

Bergmann, J. F., München 27, Trogerstr. 56.

Bergstadtverlag Wilhelm Gottlieb Korn, München-Pasing, Dachstr. 38.

Bergverlag Rudolf Rother, München 19, Landshuter Allee 49.

Bergwald-Verlag, Walter Paul, Köln, Am Zuckerberg 9.

Berliner Adreßbuch-Verlag G. m. b. H., Berlin NW 7, Schiffbauerdamm 8.

Berliner Formular-Verlag Hermann Schütz, Berlin SW 68, Segitzdamm 36.

Berliner Konzert-Verlag, Inh. Erich Zielke, Berlin-Lankwitz, Leonorenstr. 87-89.

Berliner medizinische Verlagsanstalt G. m. b. H., Berlin-Wannsee, Dreilindenstr. 52.

Berliner Union, G. m. b. H., Stuttgart N, Hospitalstr. 12.

Berliner Verlag G. m. b. H., Berlin W 8, Jägerstr. 10-11.

Berlinische Verlagsanstalt, Berlin W 15, Fasanenstr. 61.

Berlinische Verlagsbuchhandlung Erich Borkenhagen, Berlin-Lichtenrade, Krügerstr. 33.

Berlitz Editions, London W. C. 2, 36-37 Maiden Lane, Bedford Street.

Bernard & Graefe, Berlin SW 68, Alexandrinenstr. 134.

Bernecker, A., Melsungen, s. **Heimatschollen Verlag A. Bernecker.**

Bernhardt, Maria, Vomperberg (Tirol), s. **Verlag Maria Bernhardt.**

Bernheim, Dr. Karoline, G. m. b. H., Fürth (Bay.), Friedrichstr. 4.

Bernina-Verlag, Wien, I., Zedlitzgasse 3.

Bertelsmann, W., K. G., Bielefeld, Gütersloher Str. 21-23.

Bertelsmann, C., Gütersloh, Eickhoffstr. 14-16.

Bertram, F. C., P. Babst, Hamburg-Harburg-Wilhelmsburg, Lüneburger Str. 41.

Bertram's Buchhandlung, Sondershausen, Gartenstr. 18.

Betriebs-Ökonom G. m. b. H. für Dampf und Wärme, Verden (Aller), von Einem-Platz 3.

Betriebswirtschaftlicher Verlag Dr. Th. Gabler, Wiesbaden, Taunusstr. 52.

Beucke & Söhne, H., Dissen (Teutoburger Wald).

Beuroner Kunstverlag, Beuron (Hohenzollern).

Beuth-Vertrieb G. m. b. H., Berlin W 15, Uhlandstr. 175; Köln, Friesenplatz 16; Frankfurt (Main), Feldbergstr. 28; Auslieferung f. d. DDR.: Koehler & Volckmar, Leipzig C 1, Leninstr. 16; Berlin C 2, Monbijou-Platz 4.

Beyer, Herm., Leipzig O 5, Baedekerstr. 4.

Beyer, Otto, Wiesbaden, s. **Verlag Otto Beyer G. m. b. H., Der Verlag für die Frau.**

Biberacher Verlagsdruckerei, Biberach (Württ.), Marktplatz 35.

VEB **Bibliographisches Institut,** Leipzig O 5, Eilenburger Str. 55.

Biederstein, Gustav, G. m. b. H., München 23, Wilhelmstr. 9; Berlin W 35, Potsdamer Str. 131.

Bielefelder Verlagsanstalt K. G. Richard Kaselowsky, Bielefeld, Ulmenstr. 8.

Bielefelds Verlag, L., Freiburg (Br.), Goethestr. 59.

Bielmannen-Verlag G. m. b. H., München 2, BS 211, Schillerstr. 33.

Biene-Verlag, Lindau (Bodensee), Giebelbachstr. 19.

Bildungsverlag Gropengießer, Zürich, Winterthurer Str. 336.

Bindenschild-Verlag, Edition Komödie, Wien, III., Adolf-Kirchl-Gasse 9.

Binder, Franz, Zistersdorf (Niederösterr.).

Bindernagel, Carl, Friedberg (Hessen), Kaiserstr. 72.

Birkenverlag, Birkeneck b. Freising (Obb.).

Birkenverlag, München 2, Altheiner Eck 19.

Birken-Verlag, Wien, VI., Linke Wienzeile 40.

Birkhäuser A. G., Basel, s. **Verlag Birkhäuser A. G.**

Bischofberger & Co., Chur (Kt. Graubünden), Untertor.

Bischoff, Friedrich, Frankfurt (Main), Sophienstr. 75.

Bisping, Ernst, Köln-Bayenthal, Ulmenallee 132.

Blackwell, Basil, Oxford, 49 Broad Street.

Blätterverlag der Anstalt Bethel, Bethel b. Bielefeld, Königsweg 1.

Blaha Bildverlag, Wien, I., Dr.-Karl-Lueger-Ring 12.

Blankmeister-Verlag, Frankfurt (Main), Kruggasse 10.

Blanvalet Verlag, Lothar, Berlin-Wannsee, Am kleinen Wannsee 31.

Blau-Verlag, F. R., Berlin-Grünheide, Ulrichstr. 9; Camburg (Saale), Amtsplatz 1-2, Postf. 6.

Blaukreuzverlag, Bern, Lindenrain 5a.

Blersch, Otto, Stuttgart 1, Postf. 23.

Bloch, Eduard, Theaterverlag, Berlin-Schöneberg, Hauptstr. 160; Hannover, Humboldtstr. 30; Wiesbaden, Gemeindebadgasse 5.

Blüchert-Verlag, Stuttgart W, Silberburgstr. 162.

Bock, Kurt, Musikalienverlag, Berlin-Charlottenburg 4, Sybelstr. 29-30.

Bodenbender, Dr. Gustav, Berlin-Lichterfelde, s. **Chemisch-technischer Verlag Dr. Gustav Bodenbender.**

Bodensee-Verlag Nina Knecht, Stuttgart W, Vogelsangstr. 77, (1952 erloschen).

Bodensee-Verlag Franz Larese, Amriswil (Kt. Thurgau); Friedrichshafen (Bodensee).

Böhlaus Nachf., Hermann, G. m. b. H., Graz-Kroisbach (Steiermark), Rosenhof.

Böhlau-Verlag K. G., Köln-Riehl, Kevelaerer Str.

Böhlaus Nachf., Hermann, Weimar, Meyerstr. 50a.

Böhm & Sohn, Anton, Musikverlag, Augsburg, Nibelungenstr. 3a.

Boehmer, Joachim, Berlin, s. **Verlag Joachim Boehmer.**

Boer, G. W. den, Middelburg, s. **Verlag G. W. den Boer.**

Börsenverein Deutscher Verleger- und Buchhändlerverbände, Frankfurt (Main), Großer Hirschgraben 17-19.

Börsig-Verlag, Rudi, Darmstadt, Landwehrstr. 10.

Bösendahl, C., Rinteln (Weser), Klosterstr. 32-33.

Bösmann, Hermann, Detmold, Paulinenstr. 14.

Bohmann, Dipl. Ing. Rudolf, Industrie- und Fachverlag, Heidelberg, Mühltalstr. 38; Wien, I., Doblhoffgasse 5.

Bohne, Hermann, Musikverlag & Sortiment, Konstanz (Bodensee), Bodanstr. 34.

Bokförlags Aktiebolaget Thule, Stockholm 12, Eriksgatan 33.

Bollwerk-Verlag, Offenbach (Main), Rathenaustr. 22.

Bolten, Dr. Hans, Stuttgart S, Paulinenstr. 16.

Boltze, J., Allensbach (Bodensee), s. **Badische Druckerei und Verlag J. Boltze.**

Bondi & Sohn, Joh. L., Wien, VII., Zollergasse 17.

Bong & Co., München, s. **Verlagshaus Bong & Co.**

Bonifacius-Druckerei G. m. b. H., Paderborn, Liboristr. 1-3.

Bonner Universitäts-Buchdruckerei und Verlag Gebr. Scheur G. m. b. H., Bonn, Richard-Wagner-Str. 30, Postf. 321.

Bonness & Hachfeld, München-Pasing, Chopinstr. 27.

Bonnier, Albert, Stockholm, Sveavägen 56, Box 3159.

Boorberg Verlag K. G., Richard, Stuttgart W, Reinsburgstr. 122; München 8, Wirthstr. 7; Hannover, Hildesheimer Str. 214-215.

Boosey & Hawkes, Ltd., New York, 43-47 W 23d St.; London W. 1., 295 Regent St.

Borgmeyer Verlag, Johannes, Bonn (Rhein), Humboldtstr. 39; Hildesheim, Kreuzstr. 14.

Borgmeyer, O., Oberursel, s. **Verlag O. Borgmeyer.**

Born, Dr. Oscar, Wuppertal-Barmen, s. **Adreßbuchverlag Dr. Oscar Born.**

Born-Verlag, J. H. Born, Wuppertal-Elberfeld, Obergrunewalder Str. 32.

Borntraeger, Gebrüder, Berlin-Nikolassee, An der Rehwiese 4.

Born-Verlag des Deutschen Verbandes der Jugendbünde für entschiedenes Christentum, jetzt: **Born-Verlag**, Kassel, Kleine Rosenstr. 4 (Bundeshaus „Friedenshof").

Borotha-Schoeler-Verlag, Wien, XIX., Döblinger Hauptstr. 3.

Borowsky, August, Bremen-Vegesack, Wilhelm-Hartmann-Str. 7.

Bosch und Keuning, Baarn (Holland), Ericastraat 14.

Boss-Druck und Verlag, Kleve-Kellen, Emmericher Str. 237 u. Kavariner Str.

Bosse, Gustav, Regensburg, Glockengasse 12.

Bosworth & Co. (V. Kratochwill's Nachf.), Musikverlag, Wien, I., Dr.-Karl-Lueger-Platz 2.

Bote & G. Bock, Ed., Berlin W 35, Bülowstr. 38; Wiesbaden, Schützenhofstr. 4.

Bothner, Fr., Zürich, Forchstr. 296.

Botschaft, Die frohe, Wien, s. **Verlag „Die frohe Botschaft".**

Bouché, W. de, München, s. **Verlag Walter de Bouché.**

Bourg-Bourger, Luxembourg, 40, Avenue de la Gare.

Bouvier u. Co., H., Bonn, Am Hof 30.

Boysen & Maasch, Hamburg 1, Mönckebergstr. 1.

Braig, Hans, Schlechtenfeld üb. Ehingen (Donau).

Braig, Hans, Wien, s. **Verlag Hans Braig, „Internationaler Holzmarkt".**

Brand, Paul, Bussum (Holland).

Brandeis, Werner, Verlag „Der Möbelspediteur", Lübeck, Brockestr. 46.

Brandstetter Verlag G. m. b. H., Wiesbaden, Gustav-Freytag-Str. 5.

Braumüller, Wilhelm, Universitäts-Verlagsbuchhandlung G. m. b. H., Wien, IX., Servitengasse 5.

Braun, Johannes, Eschwege.

Braun, G. (vorm. G. Braunsche Hofbuchdruckerei und Verlag) G. m. b. H., Karlsruhe (Bad.), Karl-Friedrich-Str. 14.

Braun et Cie., Paris, 18, rue Louis-le-Grand.

Braun & Schneider, München 2, Maximilianplatz 9.

Brauwelt-Verlag, Nürnberg A, Breite Gasse 58-60.

Brehm, Heinz, Dortmund, Rheinische Str. 19.

Breitenbach, H., Frankfurt (Main), s. **Fachbuchverlag H. Breitenbach.**

Breitkopf & Härtel, Leipzig C 1, Sternwartenstr. 22.

Breitkopf & Härtel, Wiesbaden, Spiegelgasse 9.

Breitschopf, Julius, jun., Wien, s. **Verlagsbuchhandlung Breitschopf, Julius, jun.**

Brenner-Verlag, Innsbruck, Innrain 27-29.

Brentanoverlag K. G., Stuttgart S, Etzelstr. 29.

Breschke, Joachim, Münster, Bismarck-Allee 11.

Breuninger, Arthur, Theaterbuchhandlung, Aarau (Kt. Aargau), Laurenzentorgasse 12.

Brill, E., Leiden (Holland), Oude Rijn 330.

Britische und ausländische Bibelgesellschaft, Wien, IV., Operngasse 26.

Brockhaus, F. A., Leipzig C 1, Querstr. 16, jetzt: VEB **Brockhaus Verlag, F. A.**

Brockhaus, Eberhard, jetzt: **Brockhaus, F. A.,** Wiesbaden, Leberberg 25; Stuttgart N, Räpplenstr. 20.

Brockhaus, R., Wuppertal-Vohwinkel, s. **Verlag R. Brockhaus.**

Brönner & M. Daentler'sche Buchdruckerei u. Buchhandlung, Ph., Eichstätt, Marktplatz A 64.

Bronnen-Verlag, Schlehdorf (Kochelsee).

Broschek, Antje, Hamburg, s. **Broschek Verlag.**

Broschek Verlag, Hamburg 36, Große Bleichen 36-54.

Bruckmann K. G., F., München 2, Nymphenburger Str. 86.

Brucknerverlag Wiesbaden G. m. b. H., Wiesbaden, Uhlandstr. 4.

Bruder-Verlag Dr. Albert Bruder, Karlsruhe, Karlstr. 1, Postf. 355.

Brücken-Verlag Bremen, Düsseldorf, Charlottenstr. 32.

Brücken-Verlag G. m. b. H., Linz (Donau), Landstr. 15.

Brücke-Verlag Kurt Schmersow, Hannover, Stephansplatz 4.

Brüder-Auer-Verlag, Bonn, s. **Auer-Verlag G. m. b. H., Brüder.**

Brügel & Sohn, C., Ansbach, s. **Buchdruckerei und Verlag C. Brügel & Sohn.**

Brügger A. G., Meiringen (Kt. Bern).

Brühlscher Verlag, Gießen, Kanzleiberg 9, Postf. 221.

Brugg-Verlag, Dr. Hans Oehler, Glattbrugg (Kt. Zürich), Lindenstr. 12.

Brunnen-Verlag G. m. b. H., Gießen, Lonystr. 19, Postf. 205; Basel, Nadelberg 6.

Brunner, A., Wien, s. **Wartburg Buchhandlung Alfred Brunner.**

Brunnquell-Verlag der Bibel- und Missionsstiftung, Metzingen (Württ.), Kernerstr. 20, Postf. 99.

Bruns, J. C. C., Minden, Obermarktstr. 26-28.

Bruns, Herbert, und Otto Niebuhr, Göttingen, z. Zt. Schweinfurt, Hauptbahnhofstr. 44; Würzburg-Versbach, Würzburger Str. 74.

Bubenbergverlag, Bern, Hirschgraben 8.

Bucharchiv München (Institut für Buchwissenschaften — Gemeinnützige Stiftung privaten Rechts), München 22, Von-der-Tannstr. 2.

Buchbinder-Verlag Max Hettler, Stuttgart, s. **Hettler, Max.**

Buchdienst-Verlag Wilhelm Schmidt, Kreuztal (Westf.).

Buchdruckerei A. G. Baden, Baden (Kt. Aargau), Brugger Str.

Buchdruckerei B. Fischer A. G., Münsingen (Kt. Bern).

Buchdruckerei Gutenberg, Fritz Riemann, Melsungen, Eisfeld 29.

Buchdruckerei A. Hofmann, Tann (Rhön).

Buchdruckerei Karl Jansen, Kiel, Ringstr. 83.

Buchdruckerei Fritz Meili, Trogen (Kt. Appenzell A. R.).

Buchdruckerei Müller, Werder & Co. A. G., Zürich 32, Wolfbachstr. 19.

Buchdruckerei Niederwimmer Brüder, Wien, VII., Wimberggasse 45.

Buchdruckerei E. Rüegg und Co., Zürich, Konradstr. 20.

Buchdruckerei an der Sihl A. G., Zürich, Kasernenstr. 23.

Buchdruckerei Wetzikon und Rüti A. G., Wetzikon (Kt. Zürich).

Buchdruckerei und Verlag C. Brügel & Sohn, Ansbach (Mittelfr.), Pfarrstr. 29.

Buchdruckerei und Verlag Caviezel, Stuttgart-Vaihingen, Hauffstr. 8.

Buchdruckerei und Verlag Faber, Krems (Donau).

Buchdruckerei und Verlag Adolf Holzhausens Nachf., Wien, VII., Kandlgasse 19-21.

Buchdruckerei und Verlag Alois Mally, Wien, V., Wiedner Hauptstr. 98.

Buchdruckerei und Verlag Paul Müller, München 2, Hirtenstr. 15.

Buchdruckerei und Verlagsanstalt Carl Gerber K. G., München 5, Angertorstr. 2.

Bucher, F. X., Würzburg, Oberer Mainkai 9 P.

Buchfilm-Verlag, Hessische Druck- und Verlagsanstalt, Abt. Buchverlag, Kassel 1, Wilhelmshöher Platz 4.

Buch-Gemeinschaft Ex libris, Zürich, s. **Ex libris Verlag Emil A. Schaffner.**

Buchgemeinschaft der Klassiker-Verlagsgesellschaft, Baden b. Wien, s. **Klassiker-Verlagsgesellschaft m. b. H.,** Wien.

Buchhändler-Vereinigung G. m. b. H., Frankfurt (Main), Großer Hirschgraben 17-19.

Buchhandlung des Erziehungsvereins, Neukirchen (Kreis Moers).

Buchhandlung der Evangelischen Gesellschaft BEG und Berchtold Haller-Verlag, Bern, Nägeligasse 9.

Buchhandlung der Evangelischen Gesellschaft & Vadian-Verlag, St. Gallen, Katharinengasse 15-21.

Buchhandlung der evangelisch-lutherischen Diakonissenanstalt, Neuendettelsau, Anstaltstr. 18.

Buchhandlung Heß, Basel, Schifflände 2.

Buchhandlung Maria Hilf, Steinhausen (Kt. Zug).

Buchhandlung Seckau, Seckau (Steiermark).

Buchhandlung und Verlag Alfred Tobler, Zürich, Mutschellenstr. 184a.

Buch- und Zeitschriftenhandlung Adolf Swoboda & Söhne, Wien, VII., Neustiftgasse 103.

Buchheim, Lothar-Günther, Feldafing, s. **Verlag Lothar-Günther Buchheim.**

Buch-Kunstverlag Ettal, Ettal (Obb.), Benediktinerabtei.

„Buch meiner Bücher" - Verlag, Neumorschen, Bez. Kassel.

Buchners Verlag K. G., C. C., Bamberg, Amalienstr. 11a.

Buchner, Dr. Heinrich, München 19, Hubertusstr. 4.

Buch-Union, Frankfurt (Main), jetzt: **Herkul G. m. b. H. Verlagsgesellschaft,** Frankfurt (Main), Schumannstr. 29.

Buchverlag der Neuen Zürcher Zeitung, A. G., Zürich, Theaterstr. 1-3.

Buchverlag der Salzburger Landwirtschaftskammer, Salzburg.

Buchverlag Verbandsdruckerei, Bern, s. **Verbandsdruckerei A. G.**

Buchverlag Dr. Konrad Weinmayer, G. m. b. H., München 23, Destouchesstr. 14, jetzt durch: **Süddeutscher Verlag G. m. b. H.,** München 2, Sendlinger Str. 80.

Buchverlagsunternehmen für die Planwirtschaft, Budapest, V., Teleki Pál-U. 8.

Buchvertriebs- und Verlagsgesellschaft m. b. H., Berlin-Charlottenburg 2, Hardenbergstr. 13.

Buck, Victor, Luxemburg, Bäderstr.

Büchergilde Gutenberg, Berlin NW 7, Schadowstr. 12.

Büchergilde Gutenberg, Verlagsgesellschaft m. b. H., Frankfurt (Main), Wilhelm-Leuschner-Str. 69.

Büchergilde Gutenberg, Wien, VI., Theobaldgasse 19.

Büchergilde Gutenberg, Zürich, Stauffacherstr. 1.

Büchermarkt, Der, G. m. b. H., Berlin W 15, Kurfürstendamm 225.

Bücher- und Zeitschriften-Schmidt, Kurt Schmidt, Erfurt, Neuwerkstr. 9.

Bücherstube Bredeney, Essen, Bredeneyer Str. 141.

Bücherstube Liselotte Kumm, Offenbach (Main), Tulpenhofstr. 45.

Bücherstube Fritz Seifert, Hameln, Deisterstr. 2.

Büchler & Co., Bern, Marienstr. 8.

Büchli, Heinrich, Zürich 47, Triemlistr. 124.

Bürger-Verlag G. m. b. H., Alfons, Schwäbisch-Gmünd, Oberbettringer Str. 104.

Bundesanzeiger Verlags G. m. b. H., Bonn, Rosenburg (Bundesjustizministerium); Köln, Breite Str. 78-80, Pressehaus; Frankfurt (Main), Weserstr. 41.

Bundes-Verlag G. m. b. H., Witten, Bodenborn 43.

Bund-Verlag G. m. b. H., Köln-Deutz, Druckhaus Deutz.

Bunkowsky, Erhard, Niedersedlitz, s. **Kunstverlag Erhard Bunkowsky.**

Burckhardthaus-Verlag, Berlin - Dahlem, Rudeloffweg 27; Gelnhausen, Herzbachweg 2.

Burda, Erwin, Freiburg (Br.), s. **Verlag Erwin Burda.**

Burda, A., Offenburg (Bad.), s. **Modenverlag A. Burda.**

Burda-Druck und Verlag, Inh. Dr. Franz Burda, Offenburg (Bad.), s. **Modenverlag A. Burda.**

Burgberg-Verlag Dr. phil. Maria Dorda-Ebert, Grettstadt üb. Schweinfurt, Schwebheimer Str. 39, 1/12.

Burgbücherei Wilhelm Schneider, Eßlingen (Neckar), Fabrikstr. 15.

Burger-Verlag, Wuppertal - Barmen, Richard-Strauß-Allee 35.

Burgmaier, Werkstunden - Verlag, Amorbach (Odenwald).

Burkhard, Hans, Essen, s. **Verlag Hans Burkhard.**

Burkhardt-Verlag, Alfred, Eutin, Postf. 52.

Buß, Friedrich Carl, Wien, s. **Verlag Friedrich Carl Buß.**

Butt, Walter, K. G., Wuppertal-Elberfeld, s. **Evangelische Buchhandlung Walter Butt K. G.**

Butzon & Bercker G. m. b. H., Kevelaer, Neustr. 7-13, Postf. 25.

Callwey, Georg D. W., München, s. **Verlag Georg D. W. Callwey.**

Calwer Verlag, Stuttgart N, Lenzhalde 3.

Cambridge University Press, Cambridge; London N. W. 1, 200 Euston Road, Bentley House.

Canova, Cartolibreria editrice, già Longo e Zoppelli, Treviso (Italien), Via Paris Bordone 1.

Cantz, Dr. Cantz'sche Druckerei, Stuttgart-Bad Cannstatt, Hallstr. 41c.

Capriccio-Musikverlag G. m. b. H., Berlin-Wilmersdorf, Jenaer Str. 7.

Carinthia, Klagenfurt (Kärnten), Völkermarkter Ring 25.

Caritasverlag, jetzt: **Lambertus-Verlag G. m. b. H.,** Freiburg (Br.), Belfortstr. 18.

Caritas-Verlag, Luzern, Löwenstr. 3.

Carl, Hans, Nürnberg, s. **Verlag Hans Carl.**

Casa Editrice Sansoni, Firenze (Italien), Via Gino Capponi 26 (Palazzo Capponi).

Casa Editrice di Giovanni Scheiwiller, Milano (Italien), Via Melzi d'Eril 6.

Cassianeum, Donauwörth, s. **Verlag Ludwig Auer, Cassianeum.**

Caux-Verlag, Caux sur Montreux (Kt. Vaud).

Caviezel, Stuttgart, s. **Buchdruckerei und Verlag Caviezel.**

Central European Times Publishing Co., Department Who's who in Switzerland, Zürich, Kirchgasse 40.

Ceres-Verlag, Bielefeld, Postf. 84.

Cerny, Rudolf, Verlag für Literatur, Kunst und Wissenschaft, Wien, XVI., Herbststr. 29.

„CESAM" Verlag für Wirtschaftspolitik u. Literatur Gesellschaft m. b. H., Wien, VI., Windmühlgasse 15.

Chamier, Dr. Hans v., Essen, s. **Verlag Dr. Hans v. Chamier.**

Charme Verlag, Zollikon (Kt. Zürich).

Chemisch-technischer Verlag Dr. Gustav Bodenbender, Berlin-Lichterfelde-West, Baseler Str. 1.

Chirome Verlag, München 2 BS, Postf. 92.

Christen & Co., Hamburg, s. **Verlag Christen & Co.**

Christians Druckerei und Verlag, Hans, Hamburg 36, Kleine Theaterstr. 10.

Christian Verlag, Paul, Horb (Neckar), Schillerstr. 35 u. Wilhelmstr. 3.

Christian-Verlag, Bad Nauheim, Am Steinweg 4; Berlin-Wilmersdorf, Laubenheimer Str. 19.

Christliche Vereinsbuchhandlung, Zürich, Badener Str. 67-73.

Christliche Verlagsanstalt G. m. b. H. (vorm. Carl Hirsch), Konstanz (Bad.), Zasiusstr. 8.

Christliche Verlagsgesellschaft, Dresden A 53, Brucknerstr. 26.

Christlicher Allianz-Verlag und Buchhandlung W. Geugelin K. G., Fellbach (Württ.), Stuttgarter Str. 5.

Christlicher Zeitschriftenverlag, Berlin-Dahlem, Reichensteiner Weg 24.

Christliches Verlagshaus, Bern, Nägeligasse 4.

Christliches Verlagshaus G. m. b. H., Stuttgart W, Senefelderstr. 109.

Christmann, Heinrich, Speyer, Am Wasserturm 17, Postf. 151.

Christophorus-Verlag, Arlesheim (Schweiz).

Christophorus-Verlag Herder G. m. b. H., Freiburg (Br.), Tennenbacherstr. 4, Haus Herder; Düsseldorf, Mintropstr. 16-18; Berlin N 20, Bellermannstr. 92.

Christ Unterwegs, München 15, Schubertstr. 2.

Claassen-Verlag G. m. b. H., Hamburg 13, Parkallee 42.

Classen Verlag, Werner, Zürich, Genferstr. 21.

Claudius-Verlag Oskar Koch & Co., München 19, Magdalenenstr. 28.

Coelde-Verlag G. m. b. H., Dietrich, Werl (Westf.), Klosterstr. 17.

Coleman, Charles, Lübeck, Königstr. 1-3.

Colin, Paris, s. **Librairie Armand Colin.**

Colloquium-Verlag Otto H. Heß, Berlin-Dahlem, Thielallee 17.

Columban-Verlag, Buchdruckerei K. Bachmann, Schaffhausen, Rosenbergstr. 20.

Comel-Verlag, Köln, An der Münze 2.

Comenius-Verlag G. m. b. H., Berlin-Friedenau (erloschen).

Commedia Verlag Herbert Maaß, Berlin-Charlottenburg, Droysenstr. 19.

„Compass" Verlagsgesellschaft Rudolf Hanel & Sohn, Wien, I., Wipplingerstr. 32.

Concordia Publishing House, St. Louis 181 (Missouri), USA., 3558 South Jefferson Avenue.

Constanze Verlags G. m. b. H., Hamburg, Burchardstr. 14.

Contemporary Press, London W. 9, 10 Blomfield Court.

Continental Edition, Wien, in: **Verlag A. Sexl.**

Conzett & Huber, Morgarten- und Manesse-Verlag, Zürich, Morgartenstr. 29.

Copé, Buchdruckerei, Luxemburg.

Cordier, F. W., Heiligenstadt (Eichsfeld), in der **Arbeitsgemeinschaft Thüringischer Verleger**, Jena.

Cornelsen, Franz, G. m. b. H., Berlin-Wilmersdorf, Binger Str. 29; Bielefeld, Herforder Str. 28.

Cornelsen - Westermann, Gemeinschaftsverlag, Berlin-Wilmersdorf, Binger Str. 29.

Corso Verlag, Stuttgart, Königstr. 22.

Cortina-Verlag, Hamburg 36, Alsterglacis 4.

Cotta'sche Buchhandlung Nachfolger, J. G., Stuttgart O, Adolf-Kröner-Str. 24, Postf. 325.

Cram, Herbert, Berlin, s. **Technischer Verlag Herbert Cram.**

Cram, de Gruyter & Co., Hamburg 1, Messberghof 8.

Cratander A. G., Basel, Petersgasse 34.

Credo-Verlag Johannes Maria Höcht, Wiesbaden, Bismarckring 16.

Creutz'sche Verlagsbuchhandlung, Magdeburg, Berliner Chaussee 46.

Creutzer & Co., Köln, Mainzer Str. 24.

Crüwell Verlagsbuchhandlung, W., Dortmund, Olpe 29.

Culemannsche Buchdruckerei und Verlagsanstalt, Hannover, Spichernstr. 6.

Curtius-Verlag, Berlin-Lichterfelde-West, Spindelmühler Weg 37.

Daco-Verlag „Die Leistung", Stuttgart O, Richard-Wagner-Str. 10; Hamburg 4, Hochhaus 1.

Daehler, Vertrieb: **Elwert u. Meurer**, Berlin-Schöneberg, Hauptstr. 101;
s. a. **Alpha-Druck, Verlag für Erziehung und Unterricht**, Berlin.

Dalberg-Verlag, Aschaffenburg, Pfaffengasse 24.

Damwerth-Verlag, Allagen (Möhne, Krs. Arnsberg).

Danner, G., Köln-Riehl, s. **Verlag G. Danner.**

Danske Selskab, Det, Kopenhagen, Niels Hemmingsensgade 8.

Danubia-Verlag, Universitätsbuchhandlung Wilhelm Braumüller & Sohn, G. m. b. H., Wien, V., Rechte Wienzeile 97.

Datterer & Cie., Dr. F. P., Freising, Bahnhofstr. 14.

Davis & Co., G., Wien, IX., Pramergasse 28.

De Agostini, Novara, s. **Igda, Istituto geografico de Agostini.**

Decker's Verlag, R. v., G. Schenck G. m. b. H., Hamburg 13, Mittelweg 47; Bonn, Bundeshaus, Postf. 48; Berlin-Neukölln, Mahlower Str. 15a.

Decker, F., Regensburg, s. **Verlag für Sexualliteratur F. Decker.**

Degener & Co. Inh. Gerhard Geßner, Schellenberg b. Berchtesgaden, Salzburger Str. 59.

Delius, Klasing & Co., Berlin W 35, Schöneberger Ufer 59; Bielefeld, Mauerstr. 8.

Delphin-Verlag, Göttingen, Postf. 360/W.

Delphi-Verlag G. m. b. H., Zürich, Balgriststr. 74.

Delphi-Verlag Karl-Heinz Ronke, Berlin-Mariendorf, Körtingstr. 76; Wiesbaden, Röderstr. 41.

Delta-Verlag, Inh. Georg Jacobi, Berlin-Schöneberg, jetzt: Bischofswiesen (Obb.).

Demmig Verlag Kom.-Ges., Darmstadt - Eberstadt, Pfungstädter Str. 64.

Demokratische Druck- und Verlagsgesellschaft m. b. H., Linz (Donau), Promenade 23.

Dennoch-Verlag, Deisenhofen (Obb.).

Desch, Kurt, München, s. **Verlag Kurt Desch.**

Dessart, Engelbert, Mainz, Petersstr. 2.

Detektiv Club Verlagsgesellschaft m. b. H., Wiesbaden, Spiegelgasse 9; Winterthur (Kt. Zürich, Ditis-Verlag, A. G.).

Deuerlich'sche Buchhandlung, Göttingen, Weender Str. 33.

Deuticke, Franz, Wien, I., Helferstorferstr. 4 (Schottenhof).

Deutrich, Kurt, Neuhof (Krs. Fulda), Frankfurter Str. 53.

Deutsche Buch-Gemeinschaft C. A. Koch's Verlag Nachf., Berlin W 15, Kurfürstendamm 226; Darmstadt 2, Gerauer Allee; Wien, I., Wipplingerstr. 23.

Deutsche Buchverlagsgesellschaft für christliche Literatur G. m. b. H., Nürnberg, Schopperhofstr. 56a.

Deutsche Buchvertriebs- und Verlags-G. m. b. H. Nachf. Dr. Gerhard Steffens, Düsseldorf, Roß-Str. 15.

Deutsche Friseur-Zeitung, Köln, Spichernstr. 12.

Deutsche graphische Werkstätten, Leipzig, s. VBB **Graphische Werkstätten.**

Deutsche Hausbücherei G. m. b. H. (Hamburger Buchring), Hamburg, Wandsbeker Zollstr. 89.

Deutsche Jugendbücherei, Berlin-Grunewald, Winklerstr. 12.

Deutsche Kommentare, Wochenzeitung für ganz Deutschland, Heidelberg, Brunnengasse 20-24, Postf. 184.

Deutsche Molkerei-Zeitung, Kempten (Allgäu), s. **Volkswirtschaftlicher Verlag.**

Deutsche Philips G. m. b. H., Hamburg 1, Mönckebergstr. 7 (Levantehaus), Postf. 1093.

Deutsche Verlags-Anstalt G. m. b. H., Stuttgart N Mörikestr. 17 u. Hospitalstr. 12, Postf. 209.

Deutsche Volksbücher, Stuttgart, s. **Verlag Deutsche Volksbücher.**

Deutsche Woche, Die, München 25, Lipowskistr. 8.

Deutscher Adreßbuch-Verlag für Wirtschaft und Verkehr G. m. b. H., Darmstadt, Holzhofallee 38.

Deutscher Agrarverlag G. m. b. H., Bonn Endenicher Allee 160.

Deutscher Apotheker-Verlag Dr. Roland Schmiedel, Stuttgart 1, Tübinger Str. 53.

Deutscher Bauernverlag, Berlin C 2, Am Zeughaus 1-2.

Deutscher Betriebswirte-Verlag, K. G. Böhme & Co., Berlin W 30, Eislebener Str. 10; Stuttgart, Jägerstr. 62.

Deutscher Bundes-Verlag. Bonn, Martin Haehle-Michael-Str. 17, Postamt Bundeshaus, Postf. 137.

Deutscher Drucker Verlag Ernst Boehme, Berlin-Lichterfelde-West, Kadettenweg 14.

Deutscher Fachverlag G. m. b. H., Frankfurt (Main), Freiherr-vom-Stein-Str. 7.

Deutscher Fachzeitschriften- und Fachbuch-Verlag G. m. b. H., Stuttgart N, Hospitalstr. 12.

Deutscher Färberverlag Walter de Bouché, München 23, Gundelinenstr. 2.

Deutscher Filmverlag G. m. b. H., Berlin, aufgegangen in: **Henschelverlag Kunst u. Gesellschaft G. m. b. H.,** Berlin.

Deutscher Frauenverlag, Berlin NW 7, Klara-Zetkin-Str. 4.

Deutscher Funk-Verlag G. m. b. H., Berlin, aufgegangen in: **Hentschelverlag Kunst u. Gesellschaft G. m. b. H.,** Berlin.

Deutscher Genossenschafts-Verlag, Wiesbaden-Biebrich, Rheinstr. 1.

Deutscher Heimat-Verlag Ernst und Werner Gieseking, Bethel 1; Bielefeld, Kantensiek 4.

Deutscher Ingenieur-Verlag G. m. b. H., Düsseldorf, Prinz-Georg-Str. 77-79, Ingenieurhaus.

Deutscher Kleingärtner-Verlag, Hamburg 36, Poststr. 33.

Deutscher Kunstverlag, München, Rondell Neuwittelsbach 8; Berlin W 35, Genthiner Str. 11.

Deutscher Laienspiel-Verlag G. m. b. H., Rotenburg (Fulda).

Deutscher Laienspiel-Verlag, Weinheim (Bergstr.), Hauptstr. 127.

Deutscher Literatur-Verlag Otto Melchert, Hamburg-Wandsbek, Goethestr. 65.

Deutscher Musikliteratur-Verlag, jetzt: **Max Hesses Verlag,** Berlin-Halensee, Joachim-Friedrich-Str. 38; Wunsiedel (Obfr.).

Deutscher Sportverlag Kurt Stoof, Köln, Unter Fettenhennen 11.

Deutscher Tabak-Verlag Otto Wirth, Amberg (Obpf.), Schlachthausstr. 5, Postf. 155.

Deutscher Tabak-Verlag G. m. b. H., Köln, Jakordenstr. 1.

Deutscher Verlag für Jugend und Volk, Wien, s. **Verlag für Jugend und Volk.**

Deutscher Zeitungs-Verlag, Bielefeld, Dornberger Str. 43.

Deutscher Zentralverlag G. m. b. H., jetzt: **VEB Deutscher Zentralverlag**, Berlin SO 16, Michaelkirchstr. 17.

Deutschland-Verlag, Adolf Ernst Schulze & Co., Hamburg-Altona, Palmaille 124.

Diamant-Verlag, Hannover, Goseriede 5-6; Berlin-Wilmersdorf, Berliner Str. 157.

Diana Verlag G. m. b. H., Stuttgart, Konstanz, Büro jetzt: Konstanz, Zumsteinstr. 6.

Diana-Verlag, Wien, I., Zedlitzgasse 1.

Diana-Verlag, Dr. S. Menzel, Zürich, Dianastr. 3.

Didier & Co., Marcel, Paris (5e), 4-6, rue de la Sorbonne.

Diebold Schilling-Verlag, Luzern.

Dieckmann, Edo, Oldenburg (Oldb.), Theaterwall 4.

Diederichs Verlag o. H. G., Eugen, Düsseldorf, Brehmstr. 1; Köln-Riehl, Kevelaerstr. 18.

Diem, Wilhelm, Musikverlag, Berlin-Charlottenburg 5, Witzlebenstr. 25.

Diemer, J., Inh. Wolfgang Diemer und **Gertrud Boerckel**, Mainz, Kurfürstenstr. 35.

Diesterweg, Moritz, Frankfurt (Main), s. **Verlag Moritz Diesterweg.**

Dieterich'sche Verlagsbuchhandlung, Leipzig C 1, Goldschmidtstr. 31.

Dietrich Verlag, Maximilian, Memmingen (Allgäu), Schrannenplatz 6.

Dietrich, Felix, Osnabrück, Domhof 4a.

Dietschi, Olten, s. **Verlag Dietschi.**

Dietz-Verlag G. m. b. H., Berlin C 2, Wallstr. 67-79.

Dikreiter Verlag G. m. b. H., Freiburg (Br.), Hansjakobstr. 10; Frankfurt (Main), Schaumainkai 41.

Ditis Verlag A. G., Winterthur (Kt. Zürich).

Ditterich, Albert, Innsbruck, Universitätsstr. 13.

Dittmer, Hertha, Schillerbuchhandlung, Lübeck, Holstenstr. 42.

Dobler, Berthold, o. H. G., Karlsruhe (Bad.), Klauprechtstr. 29.

Doblinger, Ludwig, Bernhard Herzmansky Verlag, Wien, I., Dorotheergasse 10.

Documents, Strasbourg, Offenbourg, s. **Dokumente-Verlag, G. m. b. H.**, Offenburg (Bad.).

Dod, Eugen, Stuttgart-Süd, Eierstr. 89.

Döhling, Dr. E., Saarbrücken, Mainzer Str. 145, Postf. 70.

Dölle, Hamburg, s. **Verlag Dölle.**

Dönges-Verlag, Dillenburg (Hess. Nassau).

Dörner, C. S., Düsseldorf, Klosterstr. 132.

Dokumentationszentrum der Technik und Wirtschaft, Wien, IV./50, Karlsplatz 13.

Dokumenten-Verlag, Berlin-Charlottenburg, Niebuhrstr. 64.

Dokumente-Verlag, G. m. b. H., Offenburg (Bad.), Weingartenstr. 8.

Domowina, Druckerei und Verlagsanstalt e. G. m. b. H., Bautzen, Vor dem Schülertor 21 u. Tuchmacherstr. 27.

Domus-Verlag, Frankfurt (Main), Darmstädter Landstr. 42; Bonn, Koblenzer Str. 46a.

Donau-Verlag, Appel & Kraus, Günzburg, Marktplatz 2.

Donau-Verlag, P. Daskaljuk, Wien, I., Oppolzergasse 4.

Don Bosco Verlag, München 11, St. Wolfgangsplatz 10.

Doris-Verlag, Doris Steinegger, Lachen am See (Schweiz).

Dorn Verlag, Walter, Bremen - Horn, Vahrer Str. 359; Hannover-Döhren, Reichhelmstr. 8.

Dorr, Josef, München, s. **Adreßbuchverlag Josef Dorr.**

Dossenbach, J., Erben, Baar (Kt. Zug).

Draeger & Krämer, Stuttgart, s. **Verlag Draeger & Krämer G. m. b. H.**

Drehblatt-Verlag G. m. b. H., Düsseldorf, Martin-Luther-Platz, Pressehaus.

Drei Eichen Verlag G. m. b. H., München 15, Lindwurmstr. 149.

Drei-Federn-Verlag, Hamburg 1, Schützenpforte 11, Heinrich-Bauer-Haus.

Drei-Kreise-Verlag Fritz Knapp G. m. b. H., Baden-Baden, Beuttenmüllerstr. 1.

Drei Löwen-Verlag, Wiesbaden, Wörthstr. 17.

Drei Raben Verlag, G. m. b. H., Stuttgart O, Urbanstr. 14b.

3-Ring-Verlag, Zürich 7, Kasinostr. 7.

Drei-Städte-Verlag Erwin Schmidt, Stuttgart-Degerloch, Reutlinger Str. 59, (erloschen).

Dresdener Verlagsgesellschaft K. G., Dresden, s. **Vereinigung Volkseigener Verlage Dresdner Verlag.**

Dresdner Verlag, Dresden, s. VEB **Verlag der Kunst.**

Dressler Verlag, Cecilie, Berlin W 15, Meinekestr. 13.

Dressler, Julius, Zeitschriftenverlag, Wien, IV., Schwindgasse 5.

Dressler's Fachbücher im Verlag F. Schapira, Wien.

Drexler, Karla, Chic parisien, Wien, III., Löwengasse 47.

Droemersche Verlagsanstalt, München 22, Thierschstr. 11 IV.

Droste-Verlag und Druckerei K. G., Düsseldorf, Martin-Luther-Platz, Pressehaus.

Druck- und Verlags-Anstalt Hans Baumgartner, Warpke, Post Billerbeck (Hannov.).

Druck- und Verlagsanstalt A. Schaer, Thun (Kt. Bern).

Druck- und Verlagsanstalt Konrad Triltsch, Würzburg, Fasbenderstr. 2.

Druckerei und Verlags-G. m. b. H., Mannheim-Seckenheim, Hauptstr. 201.

Druckerei- und Verlagsgesellschaft Wulff & Co., Dortmund-Lütgendortmund, Postf. 44.

Druckereigenossenschaft Aarau, Aarau (Kt. Aargau), Renggerstr. 46.

Druckhaus Schmidt & Co., Mainz, Acker 1.

Druck- und Verlagshaus Frankfurt, Frankfurt (Main), Schillerstr. 19 u. 22.

Druck- und Verlagshaus Giebel & Oehlschlägel, Osterode (Harz), Langer Krummerbruch 30-34, Postf. 24.

Druk. RSW „Prasa", Walbrzych (Polen).

Duckworth and Co., Gerald, Ltd., London W. C. 2, 3 Henrietta Street.

Dümmlers Verlag, Ferdinand, Bonn, Kaiserstr. 33-35 (Dümmlerhaus).

Dürrsche Buchhandlung, Bonn, Koblenzer Str. 134; Brannenburg (Obb.).

Dulk, Hans, Hamburg 11, Trostbrücke 1.

Duncker Verlag Otfried Kellermann, Alexander, München-Feldmoching, Am Gottesackerweg 1.

Duncker & Humblot, Berlin-Lichterfelde, Geranienstr. 2; München 13, Schleißheimer Str. 68.

DUVAG Druck- und Verlag A. G., Bern, Laupenstr. 4; Ostermundigen (Kt. Bern).

Eberhard & Sohn, Martin, Schwyz (Schweiz), Herrengasse.

Eberle, Gebr. Josef u. Karl, Einsiedeln (Kt. Schwyz).

Eberle Verlag, Wien, III., Landstrasser Hauptstr. 34.

Ebertin-Verlag Reinhold Ebertin, Aalen (Württ.), Tulpenweg 15.

Eberwein, Karl, Pinneberg, s. **Verlag Karl Eberwein.**

Ebnersche Buchdruckerei und Buchhandlung, J., Ulm (Donau), Frauenstr. 77.

Echo-Verlag G. m. b. H., Berlin W 15, Schlüterstr. 41.

Echter-Verlag Würzburg Fränkische Gesellschaftsdruckerei G. m. b. H., Würzburg, Juliuspromenade 64, Postf. 1066.

Eckardt & Messtorff, Hamburg 11, Schaarthor 11-13.

Eckart-Verlag G. m. b. H., Witten, Röhrchenstr. 10; Berlin-Steglitz, Beymestr. 8.

Eckert, Karl Heinz, Deggendorf (Donau), Westlicher Graben 48.

Econ-Verlag, Düsseldorf, Pressehaus.

Edeka-Verlagsgesellschaft m. b. H., Hamburg 1, Mönckebergstr. 10.

Editio Cantor, Verlag für Medizin und Naturwissenschaften K. G., Aulendorf (Württ.).

Edition Aktars, Zürich 24, Postf. 114.

Edition ALFA, Wien, s. **„Alfa-Edition".**

Edition Alsatia, Colmar 10, rue Bartholdi.

Edition Cederna, Enrico, Milano (Italien).

Edition des Dernières Nouvelles, Strasbourg, 17, place de la Nuée-Blue.

Edition Eres, Musik- und Bühnenverlag, Inh. Friederike W. Schabert, Bremen, Hohenpfad 26.

Edition Gabriel, Musikverlag, Oberholsten über Melle.

Edition Wilhelm Hansen, Kopenhagen, s. **Wilhelmiana Musikverlag,** Frankfurt (Main).

Edition Harmonica-Revue, Trossingen (Württ.), Postf. 21.

Edition Majestic Erwin Paesike, Musik- und Bühnenverlag, Berlin-Wilmersdorf, Helmstedter Str. 27.

Édition de L'Oeuvre de la Grotte, Lourdes (Frankreich).

Edition E. Parrhysius, Berlin-Charlottenburg 9, Preussenallee 42.

Éditions d'Alsace, Colmar, s. **Edition Alsatia.**

Éditions Art et Science, Mayence, s. **Verlag für Kunst und Wissenschaft Bruno Grimm,** Mainz.

Éditions Contemporaines S. A., Genf, Quai Wilson 33.

Éditions Maria Duce, Mulhouse (Haut-Rhin), 15, rue des Orphelins.

Éditions France-Modes, Paris (2e), 53, rue Sainte-Anne.

Éditions L'Indispensable, Paris, s. **Indispensable, L'.**

Éditions Oberlin, Strasbourg, 19, rue des Francs-Bourgeois.

Éditions publicitaires „Record", Luxembourg, 49, Avenue de la Liberté.

Éditions réunies d'Alsace et de Lorraine, Mulhouse (Haut-Rhin), 48, Quai du Fossé.

Éditions du Rhin, Strasbourg-Schiltigheim, jetzt: Strasbourg-Koenigshoffen, 15, rue de la Garance.

Éditions Le Roux, Strasbourg, 34, rue des Hallebardes; Paris (15e), 174, rue de Vaugirard.

Éditions Salvator, Mulhouse (Haut-Rhin), porte du Miroir.

Editions Wemo, Weltmode-Verlag, Nürnberg, Weidenkellerstr. 8; Leipzig C 1, Dittrichring 1, Postf. 532.

Edizioni Giappichelli, G., Torino (Italien), Via Vasco 2 ang. Via Po 21.

Edizioni Viscontea, Pavia; jetzt Milano (Italien), Via Broggi 15.

Eekboom-Verlag, Hamburg 13, Grindelallee 6.

Effingerhof A. G., Brugg (Kt. Aargau).

Eggebrecht & Co. K. G., Mainz, Petersstr. 2.

Eggenberger, A. E., Olten, s. **Amadeo-Verlagsbuchhandlung A. E. Eggenberger.**

Egger, Paul, Passau, Ludwigstr. 18.

Egle, W., Goßau, s. **Verlag W. Egle.**

Egyetemi Nyomda, Budapest, VIII., Muzeumkörut 6.

Ehlermann, Louis, Dresden, jetzt: Düsseldorf, Friedrichstr. 61c, Postf. 11123.

Ehrenwirth, Franz, München 15, Güllstr. 7.

Eichen-Verlag, Arbon (Kt. Thurgau).

Eichenkreuz-Verlag, Kassel-Wilhelmshöhe, Im Druseltal 8.

Eichhorn-Verlag Lothar Kallenberg, Ludwigsburg, Wilhelmstr. 45, Postf. 5.

Eichsteller Verlag Wilhelm, Ansbach (Mfr.), Karolinenstr. 2, Postf. 131.

Eilers Verlag G. m. b. H., F., Bielefeld, Am Markt 11, Postf. 473; Bremen, Schünemann-Haus.

Eilers & Schünemann, Bremen, Schünemann-Haus.

Eirene-Verlag, Marcel Pfändler, St. Gallen, Scheidweg 13.

Eisenschmidt Verlagsbuchhandlung, R., Wiesbaden-Biebrich, Frankfurter Str. 16; Berlin-Steglitz, Albrechtstr. 6.

Elektro-Verlag W. Sachon K. G., Mindelheim, Postf. 115.

Elektron-Verlag, Garmisch-Partenkirchen, Maxstadtstr. 1.

Elite-Verlag Ernst Heyer, Essen, Hollestr. 1.

Elka-Verlag, Augsburg, Ulmer Str. 160a.

Eller, Hans, Bockenem (Harz), Postf. 21.

Ellermann, Heinrich, Hamburg, s. **Verlag Heinrich Ellermann.**

Elser, Karl, Mühlacker (Württ.), Bahnhofstr. 62.

Elsner, Otto, Darmstadt, Holzhofallee 35.

Elstermann, H., Osnabrück, Möser Str. 6.

Elvaua, Landsberger Verlagsanstalt Martin Neumeyer, Landsberg (Lech).

Elwert'sche Universitäts- und Verlagsbuchhandlung o. H. G., N. G., Marburg (Lahn), Reitgasse 7-9.

Emmenthaler Blatt A. G., Langnau i. E. (Kt. Bern).

Encyclios-Verlag A. G., Zürich, Claridenstr. 35.

Engel-Verlag, Dr. jur. Kurt Engel, Berlin SW 11, Dessauer Str. 28-29.

Engelbert-Verlag G. m. b. H., Iserlohn, Wittekindstr. 16.

Engelhard-Reyher-Verlag, Gotha, Siebleber Str. 24.

Engelhardt, Siegfried, Berlin-Frohnau, Remstalerstr. 21.

Engelhornverlag Adolf Spemann, Leinfelden b. Stuttgart, Neues Rathaus.

Engelmann, E., Essen-Kray, Leither-Str. 19.

Enke, Ferdinand, Stuttgart W, Hasenbergsteige 3.

Enslein, Franz, Wien, VI., Kasernengasse 16.

Enßlin & Laiblin, Reutlingen, Gartenstr. 31, Postf. 36.

Eos Verlag, Erzabtei St. Ottilien (Obb.).

Erasmus Verlag Emil Fuchs, Wien, XVI., Menzelgasse 19.

Erato-Verlag, Buenos Aires, Rioja 616.

Erato-Zeitschriften- und Verlagsgesellschaft m. b. H., Wien, IX., Kolingasse 19.

Erb, Berthold, Wien, s. **Technischer Verlag Berthold Erb.**

Ergon-Vertrieb, Hamburg-Hausbruch, Ehestorfer Heuweg 80.

Erismann, Robert, Nidau (Bern), Hauptstr. 31.

Ermacora-Verlag, Hannover, Am Taubenfelde 1.

Ernst & Sohn, Wilhelm, Berlin-Wilmersdorf, Hohenzollerndamm 168-169.

Ernst'sche Verlagsbuchhandlung, München 22, Reitmorstr. 52.

Ertl-Verlag, Ferdinand Ertl, Wien, III., Radetzkystr. 14.

Erzherzog-Johann-Verlag G. m. b. H., Graz (Steiermark), Reitschulgasse 3.

Es-Verlag, Wien, I., Singerstr. 8.

Essener Verlag für Sozialversicherung G. m. b. H., Essen, Postf. 1018.

Eulenhaus-Verlag, Stuttgart, Hohenzollernstr. 1.

Europäische Verlagsanstalt, Hamburg, jetzt: Frankfurt (Main), Goethestr. 29.

Europäischer Buchklub Verlags-G. m. b. H., Stuttgart W, Senefelderstr. 78.

Europäischer Verlag Dr. Anton Popovici, Wien, IX., Pramergasse 1.

Europa-Verlag A. G., Zürich, Rämistr. 5; Wien, VII., Museumstr. 7; Konstanz; Geschäftsstelle: Stuttgart O, Urbanstr. 12.

Europreß G. m. b. H., Frankfurt (Main), Börsenstr. 17.

Eva-Verlag, Worms, Martinsring 1.

Evangelische Buchhandlung, Basel, Schifflände 3.

Evangelische Buchhandlung, St. Gallen, s. **Buchhandlung der Evangelischen Gesellschaft und Vadian-Verlag.**

Evangelische Buchhandlung Walter Butt K. G., Wuppertal-Elberfeld, Luisenstr. 31.

Evangelische Buchhandlung Rudolf Senftleben, Kaiserslautern, Fruchthallstr. 21.

Evangelische Buchhandlung & Zwingli-Verlag A. G., Zürich, Cramerstr. 15-17.

Evangelische Haupt-Bibelgesellschaft zu Berlin, Berlin C 2, Bischofstr. 6-8; Leipzig C 1, Otto-Schill-Str. 10.

Evangelische Verlagsanstalt G. m. b. H., Berlin-Weißensee, Parkstr. 21.

Evangelischer Missionsverlag G. m. b. H., Stuttgart S, Heusteigstr. 34; Korntal (Württ.), Görlitzstr. 14.

Evangelischer Presseverband für Bayern, München 22, Himmelreichstr. 4.

Evangelischer Preßverband für Baden, Karlsruhe (Bad.), Blumenstr. 1.

Evangelischer Verlag A. G., Zollikon (Kt. Zürich), Seestr. 53.

Evangelisches Verlagswerk G. m. b. H., Stuttgart, Stafflenbergstr. 28.

Evers-Krenz-Verlag, Berlin N 4, Linienstr. 145.

Ex libris Verlag Emil A. Schaffner, Zürich 1, Löwenstr. 25.

Exodos-Verlag, Stuttgart-Luginsland, Barbarossastr. 94.

Expreß-Verlag G. m. b. H., Berlin W 8, Mohrenstr. 36-37.

EZ-Verlag Theodor Rosell, Papenburg (Ems).

Faber, Krems (Donau), s. **Buchdruckerei und Verlag Faber.**

Fachbuchverlag G. m. b. H., Leipzig W 31, Karl-Heine-Str. 16 u. C 1, Schwägrichenstr. 13.

Fachbuchverlag H. Breitenbach, Frankfurt (Main), Assenheimer Str. 18-20.

Fachbuchverlag Lucullus, Chieming am See (Obb.).

Fachbuchverlag Mayr, München, Fürstenriederstr. 8.

Fachbuchverlag Dr. Pfanneberg & Co., Gießen, Roonstr. 31.

Fachbuchverlag Siegfried Schütz, Hannover, Emdenstr. 5.

Fachverlag Max Schick, München 2, Weinstr. 4.

Fachverlag Schiele & Schön, Berlin SW 29, Boppstr. 10.

Fachverlag Dr. Naidon Stoytscheff, Darmstadt, Hindenburgstr. 40; Nürnberg, Fürther Str. 95; Düsseldorf, Postf. 2629; Berlin-Grunewald, Kudowastr. 8a.

Fachverlag für Wirtschafts- und Steuerrecht, Schäffer & Co. G. m. b. H., Stuttgart O, Hackländerstr. 33.

Fachzeitschriftenverlag Dr. H. Hellmaier, München 2, Altheimer Eck 19, Postf. 35.

Fackelträger-Verlag Schmidt-Küster G. m. b. H., Hannover, Georgstr. 33.

Fackelverlag G. Bowitz, K. G., Stuttgart, Hölderlinstr. 32a, Postf. 442.

Fackler, F., München, s. **Anzeigenfackler, F. Fackler.**

Faehre Verlag, Die, Till Eulenberg, Düsseldorf-Kaiserswerth, Burgallee 4.

Fährmann-Verlag, Verlag des Katholischen Jugendwerkes Österreichs, Wien, XVII., Waldegghofgasse 5.

Falk'sche Verlags-Anstalt, Vaduz (Liechtenstein).

Falken-Verlag, Zürich, Limmattalstr. 259.

Falken Verlag Erich Sicker, Berlin W 15, Xantener Str. 6.

Familienfreund-Verlag Eugen Schleicher, Stuttgart O, Kernerstr. 28.

Fankhauser, Eduard, Zielbrücke-Thielle, s. **Verlag Die Neue Zeit.**

Faust-Verlag, Wien, VI., Dambböckgasse 4.

Federmann Verlag, I. & S., München 38, Pilarstr. 8/o.

Feesche, Heinrich, Hannover M, Georgsplatz 13.

Fehr'sche Buchhandlung und Verlag, St. Gallen, Schmiedgasse 16.

Fehrholz & Co., o. H. G., Wilhelm, Baden-Baden, Hopfenstr. 2a.

Feichtingers Erben, Josef, Linz (Donau), Hauptplatz 18.

Ferrari-Auer S. A., Bolzano (Italien), Cas. Post. 278.

Fertighausbau-Verlags-Gesellschaft, Hamburg 1, Chilehaus-A.

Festungs-Verlag, Salzburg, Schwimmschulstr. 26.

Feuz, Hans, Bern, Länggass-Str. 76.

Feyel, August, Überlingen (Bodensee), Münsterstr. 30.

Fidelio-Verlag Arthur Orth, Berlin SO 36, Reichenberger Str. 30.

Fidula-Verlag Johannes Holzmeister, Stuttgart-Sillenbuch.

Filser-Verlag, München-Pasing, Pippingerstr. 36.

Finale Bühnen- und Musikverlag, Inh. Barbara Poettinger, Augsburg, Hinter dem Schwalbeneck 13.

Finck, Heinrich, Bremerhaven-Lehe, Hafenstr. 142, Postf. 68.

Fingerle & Co., Eßlingen (Neckar), s. **Kunstverlag Fingerle & Co.**

Fink-Verlag, Emil, Stuttgart O, Heidehofstr. 15.

Finking, vorm. Buch- und Verlagshaus „Zur Engelsburg", Carl Heinz, Leipzig (in Liquidation).

Finking-Verlag, Inh. Carl H. Finking, Berlin-Charlottenburg, Kaiserdamm 82.

Fischer, Jakob, Düsseldorf, s. **Verkehrs-Verlag Jakob Fischer.**

Fischer, Adalbert W., Frankfurt (Main)-Rodelheim, Parkweg 14.

Fischer Verlag G. m. b. H., S., Frankfurt (Main), Falkensteiner Str. 24; Berlin-Charlottenburg, Carmer Str. 1.

Fischer, Paul, Musikverlag, Hamburg 20, Orchideenstieg 39.

Fischer, Gustav, Jena, Villengang 2a.

Fischer A. G., B., Münsingen, s. **Buchdruckerei B. Fischer, A. G.**

Fischer-Verlag, René, Weißenburg (Bay.).

Fischer-Verlag G. m. b. H., S., Wien, I., Graben 30.

Fischer Verlag K. G., Georg, Wittlich, Marienstr. 17.

Fischer, Ernst, Wolfenbüttel, Reichsstr. 3.

Fischereilehrmittel-Germanenverlag Dr. Ing. Karl Rübmer, Ebenhausen b. München, Holzen 2, z. Zt. Unterfahlheim b. Neuulm (Donau).

Fitze, A., Zürich 1, Bahnhofstr. 89.

Fix Verlag, Karl, Deutsche Volksmission entschiedener Christen, Vaihingen (Enz).

Flechsig Verlag, Walter, München 23, Martiusstr. 8.

Fleischhauer & Co., Essen, s. **Verlag Ernst Fleischhauer & Co.**

Fleischhauer & Spohn, Stuttgart N, Calwer Str. 33.

Flemmings Verlag, Hamburg N, Katharinenstr. 26.

Flöckinger, Hans, Innsbruck, Salurner Str. 2.

Flöttmann, Ludwig, Gütersloh, Berliner Str. 63.

Flothmann, K. G., F., Kettwig, Hauptstr. 30.

Focken, Erich, Lahr (Schwarzw.), Marktstr. 37.

Fodermair, Karl, München 23, Ungererstr. 66, II r.

Föhrland-Verlag, Frankfurt (Main)-West, Landgrafenstr. 16.

Förster & Borries, Zwickau, Peter-Breuer-Str. 5-11.

Fontaine, Dr. Nikolaus, Saarlouis (Saargebiet), Kleiner Markt 1.

Forkel-Verlag G. m. b. H., Stuttgart-Degerloch, Jahnstr. 84.

Formulare und Lehrbücher des Bauwesens, Düsseldorf, Schadowstr. 11.

Fortschritt-Verlag, Köln-Ehrenfeld, Tieckstr. 5.

Fortschrittliche Landwirt, Der, Graz, s. **Verlag „Der fortschrittliche Landwirt".**

Foulon, R., Paris (14e), 29, rue Deparcieux.

FPW-Verlag, Freiburg (Schweiz), s. **Pionierwerk-Verlag.**

Fränkische Nachrichten, Druck- u. Verlags-G. m. b. H., Tauberbischofsheim (Baden), Hauptstr. 46.

Fränzl, L., Casa Editrice Grafica, Bolzano (Italien), Via Ca' De' Bezzi 9.

Française, La (Imprimerie de l'Est), Besançon (Frankreich), 26, rue Ernest-Renan.

Francke A. G., A., Bern, Bubenbergplatz 6.

Francke-Buchhandlung G. m. b. H., Marburg, Frankfurter Str. 35.

Franckh'sche Verlagsbuchhandlung W. Keller & Co., Stuttgart O, Pfizerstr. 5-7.

Frank, Singen, s. **Verlag Frank.**

Franke, Paul, Inh. Paul Franke & Rudolph Henssel G. m. b. H., Berlin-Friedenau, Rheinstr. 46.

Franke-Verlag G. m. b. H., Leverkusen 2, Hauptstr. 78.

Frankfurter Fachverlag, Frankfurt (Main)-Eschersheim, Heinrich-Rößner-Str. 19.

Frankfurter Fachverlag für Recht und Wirtschaft G. m. b. H., Frankfurt (Main), Friedrich-Ebert-Str. 36.

Frankfurter Verlagsanstalt G. m. b. H., Frankfurt (Main), Schaumainkai.

Franklin, Budapest, s. **„Szikra", Franklin.**

Franz, Ernst, Metzingen, s. **Verlag Ernst Franz.**

Franzis-Verlag, Verlag der G. Franz'schen Buchdruckerei G. Emil Mayer, München 22, Odeonsplatz 2; Berlin-Friedenau, Grazer Damm 155.

Franzmathes-Verlag, Trautheim üb. Darmstadt, s. **Mushakesche Verlagsanstalt Franzmathes Verlag.**

Franz-Sales-Verlag, Eichstätt (Bay.).

Frauenverlag, Paul Lehmann, München 15, Bavariaring 6.

Frauenwerk, Katholisches, in Österreich. Verlag des „Licht des Lebens", Wien, I., Stephansplatz 3.

Fraumünster-Verlag, A. G., Zürich, Stauffacherquai 40, (ab 1952 Stauffacher-Verlag).

Frau & Mutter-Verlag, J. Lachner & Co., Wien, I., Kohlmarkt 11.

Fredebeul & Koenen, K. G., Essen, Kibbelstr. 9-15a.

Freie Gewerkschaft Verlagsgesellschaft, Die, Berlin N 4, Chausseestr. 123-124.

Freiheit-Verlag, Wunderhorn-Verlag, Heidelberg, Hauptstr. 92.

Freimund-Verlag, Neuendettelsau, Hauptstr. 2.

Freireligiöse Verlagsbuchhandlung, Mannheim, L 8, Nr. 9.

Freitag-Verlag G. m. b. H., Willi, München 23, Werneckstr. 15a, (in Konkurs).

Fretz A. G., Gebrüder, Zürich, Mühlebachstr. 54.

Fretz & Wasmuth Verlag A. G., Zürich, Akazienstr. 2.

Frey, Dr. Heinrich, Liebefeld (Kt. Bern), Gartenstadt; s. a. **Kümmerly & Frey**, Bern.

Frey A. G., Zürich, Dianastr. 5-7.

Freytag-Verlag, G., Freilassing (Obb.), Postf. 58.

Freytag-Berndt und Artaria, Wien, s. **Kartographische Anstalt Freytag-Berndt und Artaria.**

Frick Verlag & Co., K. G., Wilhelm, Wien, I., Graben 27.

Friedens-Verlag, Ferdinand Wessiak, Bad-Reichenhall, Luitpoldstr. 8, Postf. 14; Bayerisch-Gmain, Haus Nr. 93; Salzburg, Rainerstr. 19.

Friedrich, Leonhard, Bad Pyrmont, Bismarckstr. 37.

Friesen-Verlag, Soltau, Haus Widukind.

Fritsch's Landkartenverlag, Hof (Bay.).

Fröhlich, Alwin, Hamburg-Bahrenfeld, Theodorstr. 41.

Fromm, A., K. G., Osnabrück, Schoellerstr. 18.

Frommann, Friedrich, G. m. b. H., Nürnberg, Allersberger Str. 60.

Frommanns Verlag, Friedrich, Stuttgart O, Uhlandstr. 14a.

Fromme & Co., Georg, Wien, V., Nikolsdorfer Gasse 11.

Frowa-Organisation Franz O. Wachter, Formularverlag, Dischingen (Württ.).

Füllhorn-Verlag, Berlin-Friedenau, Rheinstr. 46.

Fürer, Leo, St. Gallen, Davidstr. 9.

Fuldaer Verlagsanstalt, Fulda, Truchseßstr. 3-7.

Funck Verlag, Bernhard, München 22, Reitmorstr. 52.

Furche-Verlag Heinrich Rennebach und Friedrich Wittig K. G., Hamburg 39, Bebelallee 11; Berlin-Spandau, Ev. Johannesstift.

Gabarell, J., A.G., Thalwil (Kt. Zürich).

Gabler, Carl, München, s. **Verlag und Anzeigenverwaltung Carl Gabler.**

Gallus-Verlag, Rapperswil (Kt. St. Gallen).

Gallus Verlag K. G., Wien, I., Walfischgasse 14.

Gans, Edmund, Gräfelfing, Anschr.: Locham (Bay.), Rudolfstr. 32.

Ganymedes-Verlag, Linz (Oböster.), Gutenbergstr. 28.

Garte Verlag, Carl, Bielefeld, Kantstr. 1.

Gartenbauverlag Trowitzsch, Holzminden, s. **Trowitzsch-Verlag.**

Gartenverlag, Produktions-Gruppe Neue Berliner Gärtnerbörse, Berlin - Kleinmachnow. Anschr.: Berlin-Zehlendorf, Hohe Kiefer 111 u. Berlin C 2, Wallstr. 15.

Garzanti, A., già Fratolli Treves, Casa ed., Milano (Italien), Via della Spica 30.

Gaßdorf, Karl-Otto, Frankfurt (Main)-Höchst, Königsteiner Str. 31.

Gasser & Co., Rapperswil (Kt. St. Gallen).

Gauss-Verlag, Heilbronn, Stettenfelser Str.

GBS-Verlag, Schwarzenburg (Kt. Bern), s. **Gerber-Buchdruck.**

GdED-Verlagsgesellschaft, Frankfurt (Main), Moselstr. 34, V.

Gea-Landkarten-Verlag Albers, Berlin W 35, Potsdamer Str. 91.

Gebauer - Schwetschke Verlag Nachf. Jaeger & Co., K. G., Halle (Saale) (in Liquidation).

Gebers Förlag A.-B. Hugo, Stockholm, Gamla Brogatan 26.

Geest & Portig, Leipzig, s. **Akademische Verlagsgesellschaft Geest & Portig.**

Gehlen, Dr. Max, Bad Homburg v. d. Höhe, s. **Verlag Dr. Max Gehlen.**

Gehlsen, Carlheinz, Konstanz, s. **Industrieverlag Carlheinz Gehlsen vorm. Spaeth & Linde.**

Gemeindeverlag, Fachverlag für Behördenbedarf G. m. b. H., Köln, Breite Str. 12-14.

Gemsberg Druck und Verlag, Geschw. Ziegler & Co., Winterthur (Kt. Zürich), Kirchplatz 10.

Genossenschaftlicher Literaturvertrieb, Zürich, Feldstr. 46.

Genossenschafts-Buchdruckerei Appenzell, Appenzell (Schweiz).

Genossenschafts-Buchhandlung, Winterthur (Kt. Zürich), Stadthausstr. 14.

Genossenschafts-Buchhandlung, Zürich, Stauffacherstr. 60. Anschr.: Zürich-Außersihl, Postf. 281.

Genossenschafts-Druckerei, Arbon (Kt. Thurgau).

Genossenschaftsdruckerei, Zürich, Stauffacherstr. 3.

Genossenschaftsdruckerei Raiffeisen m. b. H., Neuwied, Heddesdorfer Str. 33-35.

Gentner Verlag o. H. G., A., Stuttgart W, Forststr. 131, Postf. 688.

Gerber, Carl, München, s. **Buchdruckerei und Verlagsanstalt Carl Gerber.**

Gerber-Buchdruck, Hans & Erwin Gerber, Schwarzenburg (Kt. Bern).

Gerichts- und Kriminalverlag Adam & Merkel, Augsburg, Gögginger Str. 43.

Gericke Verlag, Stuttgart-Degerloch, Raffstr. 14.

Gerig, Dr. Hans, Köln - Braunsfeld, Aachener Str. 333.

Gerlach & Wiedling, Buch-, Kunst - und Musikalien-Verlag, Wien, I., Elisabethstr. 13.

Germanenverlag, Ebenhausen, s. **Fischereilehrmittel-Germanenverlag.**

Germer, Richard, Verlag Hamburger Novellen-Zeitung, Hamburg-Othmarschen, Roosenspark 15.

Gerold's Sohn, Carl, Wien, VIII., Hamerlingplatz 10.

Gerold & Co., Wien, I., Graben 31.

Gersbach & Sohn Verlag G. m. b. H., Braunschweig, Wollmarkt 13, Postf. 88.

Gersbach Verlag, Friedrich, Bad Pyrmont.

Gerstenberg, Gebrüder, Hildesheim, Zingelstr. 18.

Gesellschaft für Natur und Technik, Wien, s. **Natur und Technik.**

Gesellschaftsbuchdruckerei und Verlag, Brüder Hollinek, Wien, III./40., Steingasse 25.

Gewerblicher Fachzeitschriften-Verlag, Stuttgart N, Hospitalstr. 12.

Giappichelli, G., Torino, s. **Edizioni Giappichelli.**

Giebel & Oehlschlägel, Osterode, s. **Druck- und Verlagshaus Giebel & Oehlschlägel.**

Giersen & Co., Düsseldorf, s. **Verlag Giersen & Co.**

Giesel, Joseph, Celle, Mühlenstr. 1.

Gießerei-Verlag G. m. b. H., Düsseldorf, Breite Str. 27.

Gilde-Verlag Hans-Gerhard Dobler, Frankfurt (Main), jetzt: Alfeld (Leine), Postf. 28.

Girardet Verlag, W., Essen, Gerswidastr. 2; Berlin-Charlottenburg, Witzlebenstr. 36.

Girnth Verlag, Alois, München 11, Auerfeldstr. 19.

Girsberger-Verlag, Dr. Hans, Zürich, Kirchgasse 40.

Gleerup, C. W. K., Aktiebolaget, Lund (Schweden), Vårfrugatan 8b.

Glenz, August, Essen-Bredeney, Einigkeitsstr. 48.

Gleumes & Co., o. H. G., Landkartenverlag, Köln, Hansaring 97.

Gligorin, Karl, Wien, VII., Mariahilferstr. 38.

Globi-Verlag, Zürich, Löwenplatz 43.

„Globus" Zeitungs-, Druck- und Verlagsanstalt G. m. b. H., Wien, I., Fleischmarkt 1-5.

Glock Verlag, Hermann, Wiesbaden, Tennelbachstr. 43.

Glock und Lutz, Nürnberg, Sulzbacher Str. 17

Glöckner Verlag, Karl, Bonn, Joachimstr. 16.

Glöss & Co., R., Hamburg-Altona, s. **Verlagsgesellschaft R. Glöss & Co., K. G.**

Goddemeyer Verlag, Schnathorst (Kr. Lübecke üb. Löhne, Westf.); Bielefeld, von der Recke-Str. 6.

Gödicke, Erich, G. m. b. H., Hannover, Im Moore 33-34.

Görg, Carl Th., Bremerhaven F., Postf. 269.

Görlitz-Verlag, Wien, III., Reisnerstr. 13; s. a. Salesy, **Josef**, Wien.

Görres-Druckerei G. m. b. H., Koblenz, Gymnasialstr. 4-8.

Göschl & Co., A., Wien, I., Jasomirgottstr. 6.

Goethe Buchhandlung, Buenos Aires, s. **Libreria Goethe.**

Göttinger Druckerei und Verlagsgesellschaft, Göttingen, Maschmühlenweg 8-10.

Göttinger Verlagsanstalt Leonhard Schlüter, Göttingen, Hanssenstr. 11.

Goldmann-Verlag, Karl, Aachen, Ludwigsallee 101; Hambühren (Kr. Celle).

Goldmann, Wilhelm, München 13, Franz-Josef-Str. 8.

Goltze Verlag, Karina, Göttingen, Postf. 360.

Gondel-Verlag Fischer, Brälye & Co., Hamburg 11, Adolphsbrücke 9-11.

Goor Zonen, G. B. van, 's Gravenhage, Frankenslag 173.

Gordian, Hamburg, s. **Verlag Gordian, Max Rieck.**

Gordon, Karl, Salzburg, Max-Ott-Platz 3.

Gotthard Verlag, Amorbach (Odenwald).

Gotthelf-Verlag, Zürich, Badener Str. 69.

Gottschalksche Verlagsbuchhandlung, (Prof. Dr. W. Gottschalk & Söhne), Leverkusen 4, Mülheimer Str. 70.

Govi-Verlag G. m. b. H., Hamburg 13, Parkallee 70.

Gräfe und Unzer Verlag, Bad Wiessee (Tegernsee).

Grafik-Verlag, Dr. Heinrich Mock G. m. b. H., Erfurt, Anger 37-38, in: **Thüringer Volksverlag G. m. b. H., Abt. Grafik-Verlag Dr. Heinrich Mock**, Weimar.

Grafisk Forlag, Kopenhagen V, Nyropsgad 17.

Gralswelt, Die", Stuttgart, s. **Verlag „Die Gralswelt"**, Schwäbisch Gmünd.

Granatapfel-Verlag, G. m. b. H., Wien, I., Stallburggasse 4.

Grand Chic, Le (Wiener Chic), Wien, s. **Modenverlag Le Grand Chic.**

Graphik-Verlag Dr. Heinrich Mock, Erfurt, s. **Grafik-Verlag Dr. Heinrich Mock G. m. b. H.**

VEB Graphische Werkstätten, Leipzig C 1, Inselstr. 2.

Graphischer Großbetrieb Dr. F. Burda, Offenburg, s. **Burda, F.**

Graser Verlag Schreiber & Co., Eßlingen (Neckar); München 27, Pienzenauerstr. 44.

Grau & Co., G. A., Inh. H. Schlüter, Landkartenverlag, Hof (Saale), Oberes Tor 6.

Greger, Alois, Wien, s. **Verlag Alois Greger.**

Gregorius-Musikverlag Herbert Hoinkes, Münster (Westf.), Kanalstr. 71.

Greifenverlag, Rudolstadt, Auf der Heidecksburg.

Grenzland-Druckerei Rock & Co., Groß-Denkte über Wolfenbüttel.

Greven's Adreßbuch-Verlag K. G., Köln, Weyerstr. 19.

Grieben-Verlag G. m. b. H., Berlin-Charlottenburg 5, Kaiserdamm 113; Hamburg 4, Heiligengeistfeld, Hochhaus 1/B.

Griebsch, Emil, Hamm (Westf.), Widumstr. 2–8.

Grieger, Charles, Hamburg-Altona, s. **Verlag Charles Grieger.**

Griese, Carl, Hamburg, s. **Verlag Carl Griese.**

Grimm, Bruno, Mainz, Heidelbergerfassgasse 15.

Grimm-Sohn-Verlag, Frankfurt (Main), Postf. 526.

Grimm-Sohn Druck- und Verlagsanstalt Rudolf Grimm, Gardelegen, Bahnhofstr. 47.

Grob A. G., A., Zürich, Löwenstr. 62.

Groh, Helmuth, Karlsruhe, s. **„Unser Dasein", Verlag Helmuth Groh.**

Groos, Julius, Heidelberg, Gaisbergstr. 8, Postf. 199.

Gropengießer, Zürich 31, Winterthurer Str. 336.

Grosse, L. H., Freiburg (Br.), Sonnhalde 93.

Grote'sche Verlagsbuchhandlung, G., Hamm (Westf.), Widumstr. 2–8.

Grothus Verlag, Kassel-Wilhelmshöhe, Wilhelmshöher Allee 275.

Gruber, J., Lana (Prov. Bolzano, Italien).

Grünwald-Verlag Ludwig Grünwald, München-Obermenzing, Menzinger Str. 110.

Gruyter & Co., Walter de, vormals G. J. Göschen'sche Verlagsbuchhandlung - J. Guttentag — Georg Reimer — Karl J. Trübner — Veit & Comp., Berlin W 35, Genthiner Str. 13; Gelnhausen, Steinweg 7.

Gryphius-Verlag, Reutlingen, Gartenstr. 31, Postf. 69.

Günther u. Co., K. G., Hans E., Stuttgart O, Pfizerstr. 7.

Günther Verlag, Johannes, Wien, IV., Belvederegasse 6.

Günther-Staib Verlag, Biberach (Riss), Charlottenstr. 2.

Guggenbühl & Huber, Schweizer Spiegel Verlag A. G., Zürich, Hirschengraben 20.

Gumperts Förlag, N. I., Göteborg, Södra Hamngatan 35.

Gundert, D., Stuttgart N, Lenzhalde 3.

Gute Schriften, Basel, s. **Verein Gute Schriften.**

Gute Schriften, Bern, s. **Verein Gute Schriften.**

Gute Schriften, Zürich, s. **Verein Gute Schriften.**

Gutenberg-Buchhandlung, Mainz, s. **Johannes Gutenberg-Buchhandlung.**

Gyldendal Norsk Forlag, Oslo, Universitetsgaten 16.

Gyr-Verlag, Martin Gyr, Baden (Kt. Aargau), Berner Str. 19.

Haacke, C., Nordhausen, s. **Verlag Haacke, C.**

Haag, Eugen, Erben, Luzern, Kapellplatz 9.

Haarfeld, C. W., Essen, Annastr. 36.

Haas, Dr., Mannheim, R 1, 4–6.

Haase, Hermann, Berlin (in Liquidation).

Haase, Helmut, Heidelberg, Ladenburger Str. 67.

Haasenstein'sche Verlagsbuchhandlung K.-G., Berlin W 15, Sächsische Str. 6.

Habbel, Josef, Regensburg, Gutenbergstr. 17.

Habegger A. G., Derendingen (Kt. Solothurn).

Hachette, Paris (6e), 79, Boulevard Saint-Germain.

Hachmeister & Thal, Leipzig C 1, Marienplatz 1.

Hädecke Verlag, Walter, (vorm. Süddeutsches Verlagshaus G. m. b. H.), Weil der Stadt, Postf. 6.

Hafferburg's Buchhandlung, A., Braunschweig, Friedrich-Wilhelm-Str. 6.

Hafner, Adolf, München, s. **Verlag Adolf Hafner.**

Hafner Publishing Co., New York, 31 East 10th Street.

Hagemann, Wilhelm, Düsseldorf, s. **Lehrmittelverlag Wilhelm Hagemann.**

Hahn-Verlag, H., Frankfurt (Main); Anschr.: Offenbach (Main), Postf. 538.

Hahn's Verlag G. m. b. H., Alfred, Hamburg 43, Krausestr. 110.

Hahnsche Buchhandlung, Hannover, Leinstr. 32.

Hahn's Verlag G. m. b. H., Alfred, Leipzig O 27, Gletschersteinstr. 47.

Hahnefeld, Bernhard, Münchberg (Obfr.), Kirchenlamitzer Str. 44, Postfr. 88.

Hain, Dr. Franz, Wien, I., Wallnerstr. 4.

Hainbund-Verlag, Göttingen, Postf.

Haldenhof Verlag, Paula Jo Oeppert-Stotz, Heilbronn (Neckar), Fleinerstr. 33.

Haldimann & Co., Basel, Blumenrain 3.

Haller, Fritz, Berlin-Grunewald, Lynarstr. 7.

Haller-Verlag, Berchtold, Bern, s. **Buchhandlung der Evangelischen Gesellschaft BEG und Berchtold Haller-Verlag.**

Hallwag A. G., Bern, Breitenrainstr. 97; Stuttgart 13, Spittlerstr. 8.

Halscheidt, Alfred, Heidenheim (Brenz), Olgastr. 6.

Hamann, Erich, Gießen, Kanzleiberg 9, Postf. 273.

Hamburger Adreßbuch-Verlag Dumrath & Faßnacht K. G., Hamburg 1, Gerhart-Hauptmann-Platz 45.

Hamburger Buchdruckerei und Verlagsanstalt Auerdruck G. m. b. H., Hamburg 1, Speersort 1 (Pressehaus).

Hamburger Kulturverlag G. m. b. H., Hamburg 1, Speersort 1 (Pressehaus V).

Hammer, Rudolf Hans, Wien, VI., Linke Wienzeile 36.

Hammerich & Lesser Verlag G. m. b. H., Hamburg 1, An der Alster 61.

Hammonia Norddeutsche Verlagsgesellschaft m. b. H., Hamburg-Altona, Goetheallee 4.

Hanfstaengl, Franz, München 22, Widelmayerstr. 18.

Hannoverland-Verlag Robert Hille, Hannover-Waldhausen, Landwehrstr. 25.

Hannoversche Presse G. m. b. H., Hannover, Georgstr. 33.

Hannoverscher Lehrmittel-Verlag Werner Hoffmeister, Hannover-Kirchrode, Lothringer Str. 30.

Hannoversches Buch- und Zeitschriften-Grosso, Fritz Schmorl, Hannover, Kleine Packhofstr. 16.

Hansa-Verlag Josef Toth, Hamburg 39, Blumenstr. 36a.

Hansen, Otto, Hamburg 1, Pressehaus.

Hanser, Carl, München 27, Leonhard-Eck-Str. 7.

Hansischer Gildenverlag Joachim Heitmann & Co., Hamburg-Wandsbek, Waldfrieden 19.

Hanstein Verlag G. m. b. H., Peter, Bonn, Fürstenstr. 1.

Harfe-Verlag und Druckerei K. Reum & Co., K.-G., Bad Blankenburg (Thür. Wald).

Harrap and Co., George G., Ltd., London W. C. 1, 182 High Holborn.

Harrassowitz, Otto, jetzt: VEB Otto Harrassowitz, Leipzig C 1, Hauptmannstr. 1.

Harrassowitz, Otto, Wiesbaden, Beethovenstr. 6a.

Hart, Karl, Volkach vor Würzburg.

Harth-Musik-Verlag E. Pastänier und C. Clauss, Leipzig C 1, Karl-Liebknecht-Str. 12; Berlin-Schöneberg, Hauptstr. 8.

Hartleben, A., o. H. G., Wien, I., Habsburgergasse 6-8; Innsbruck, Fallmerayerstr. 5; München 5, Baaderstr. 65.

Harvard University Press, Cambridge, Mass. (U. S. A.), Randall Hall.

Hasenclever-Verlag G. m. b. H., Düsseldorf, Königsallee 64.

Hatje, Gerd, Stuttgart O, Heidehofstr. 40.

Haueisen Verlag G. m. b. H., Berlin W 15, Duisburger Str. 18.

Hauenstein-Verlag G. m. b. H., Olten (Kt. Solothurn), Mühlegasse 10.

Haufe Verlag, R., Freiburg (Br.), Hauptstr. 28.

Haug, Karl F., Fachbuchhandlung und Antiquariat für Medizin und Naturwissenschaften, Berlin-Adlershof, Arrasstr. 14; Saulgau (Württ.), Hindenburgstr. 2.

Haupt, Paul, Bern, Falkenplatz 11.

Haus der Bibel, Zürich, Stockerstr. 50; Genf II, rue de Rive.

Hausen Verlag, Saarlouis (Saarland), Gutenbergstr. 2.

Hausmusikverlag Waldemar Woehl, Soyen (Obb.).

Hausruckverlag, Gustav Adolf J. Neumann, Linz (Donau), Stockbauernstr. 11 u. Landstr. 9.

Hausschatz-Bücherei „Aglaia", in: **Walter Verlag o. H. G., A. J.,** Wien, I., Kohlmarkt 11.

Heck, Ernst, Köln, s. **Musikverlag Ernst Heck.**

Heckner's Verlag, Wolfenbüttel, Harzstr. 22-23.

Heege, L., Dorfen-Markt (Obb.), Heimstätten.

Heering-Verlag Dr. Walther Heering, Seebruck (Chiemsee).

Hegel und Schade, Bonn, Koblenzer Str. 134.

Heger, Hans, Dr., Wiesbaden, Nietzschestr. 1.

Hegner, Jakob, Köln, Marzellenstr. 35-43.

Heideland, Uitgeverij, Hasselt (Belgien).

Heidelberger Stadtadreßbuch-Verlag und Druckerei Dr. Johannes Hörning, Heidelberg, Hauptstr. 55a.

Heidelberger Verlagsanstalt und Druckerei G. m. b. H., Heidelberg, Hauptstr. 23.

Heidenheimer Verlagsanstalt, Heidenheim (Brenz), Olgastr. 15-17.

Heider-Verlag, Bergisch-Gladbach, Hauptstr. 208.

Heilmaier, Dr. H., München, s. **Fachzeitschriftenverlag Dr. H. Heilmaier.**

Heimatdienstverlag, Berlin-Hermsdorf, Brandtstr. 30.

Heimatschollen Verlag A. Bernecker, Melsungen, Kasseler Str. 26.

Heimatverlag Schnell, Warendorf (Westf.), s. **Verlag I. Schnellsche Buchhandlung (C. Leopold).**

Heimeran Verlag, Ernst, München 23, Dietlindenstr. 14.

Heimkehr, Die, Bremgarten b. Bern, s. **Verlag Die Heimkehr.**

Heimverlag, Langen (Bez. Frankfurt-Main), Marienstr. 9.

Heinemann, Ltd., William, London W. C. 1, 99 Great Russell Street.

Heinrichs, Ernst, Hildesheim, Langer Garten 1.

Heintz, Nic. und Jos., Pétange (Luxemburg).

Heitner, Max, München 22, Liebigstr. 10b.

Heitz, P. H., Strasbourg, 16, rue du Maréchal-Joffre.

HEKA-Werbedienst und Adressenverlag, Dornbirn (Vorarlberg).

Hela-Produktion im Tessloff Verlag, Hamburg, s. **Tessloff Verlag, Ernst.**

Helbing & Lichtenhahn, Basel, Freiestr. 40.

Held (vorm.) Gebrüder Habbel G. m. b. H., Regensburg (Donau), Fröhliche Türkenstr. 1-3.

Helfer-Verlag und Großbuchhandlung E. Schwabe, Frankfurt (Main), Zeil 15.

Heliand-Verlag Alfred Winter K. G., Lüneburg, Schröderstr. 16.

Heliopolis-Verlag Ewald Katzmann, Tübingen, Schwabstr. 16.

Hellbrunn-Verlag Robert Müllner, Salzburg, Rennbahnstr. 23.

Hempe, Lothar, Stuttgart W, Reinsburgstr. 112.

Henn-Verlag, Aloys, Ratingen b. Düsseldorf, Düsseldorfer Str. 46.

Henschelverlag Kunst und Gesellschaft G. m. b. H., Berlin N 4, Oranienburger Str. 67.

Henssel, Karl Heinz, Berlin-Wannsee, Am kleinen Wannsee 29b.

Hera Verlag Hermann Hübener, Wilhelmshaven-Ebkeriege, Peterstr., Gutenberghaus. Postf. 59.

Herbig Verlagsbuchhandlung, F. A., Walter Kahnert, Berlin-Grunewald, Hohenzollerndamm 132.

Herder & Co. G. m. b. H., Freiburg (Br.), Johanniterstr. 4.

Herder, Libreria, Roma, Piazza Costanzo Ciano 117-120.

Herder & Co., Wien, I., Wollzeile 33.

Herget, Wilhelm, Stuttgart, Reinsburgstr. 10-14.

Herkul G. m. b. H., Frankfurt (Main), Schumannstr. 29.

Hermann, Ch., Luxemburg, 1, rue de la Pétrusse.

Hermes Verlag, Richard, Hamburg 13, Hochallee 40.

„Herold" Druck- und Verlagsgesellschaft m. b. H., Wien, VIII., Strozzigasse 8.

Herold-Verlag Brück K.G., Stuttgart W, Ludwigstr. 6.

Herold-Verlag Dr. Franz Wetzel & Co. K.G., München-Solln, Kirchbachweg 16, Postf. 25.

Hertel, A., Kulmbach, Webergasse 5.

Herzmansky Verlag, Bernhard, Wien, s. **Doblinger, Ludwig, Bernhard Herzmansky Verlag.**

Herzog, Erich, Goslar, s. **Verlagsbuchhandlung Erich Herzog.**

Heß, Basel, s. **Buchhandlung Heß.**

Heß Verlag, Gerhard, Ulm (Donau), Schadstr. 24.

Hesses Verlag, Max, Berlin-Halensee, Joachim-Friedrich-Str. 38; Wunsiedel (Obfr.).

Hessische Adreßbuch-G. m. b. H., Frankfurt (Main), Schillerstr. 28.

Hessische Druck- und Verlagsanstalt G. m. b. H., Kassel, Wilhelmshöher Platz 4.

Hessisches Verlagshaus, Wetzlar, Stoppelberger Hohl 30.

Hettler, Max, Stuttgart S, Christophstr. 9.

Heymann's Verlag K.G., Carl, Köln 1, Gereonstr. 18-32; Berlin-Charlottenburg 2, Gutenbergstr. 3; Bonn, Am Hofgarten 17.

Heyne Verlag, Wilhelm, München 22, Widenmayerstr. 32.

Hieber, Max, München 2, Kaufingerstr. 23.

Hiersemann Verlag G. m. b. H., Stuttgart W, Feuerseeplatz 8.

Hildebrandt-Verlag, Berlin N 65, Müllerstr. 61a.

Hilfe-Verlag, Hannover-Kirchrode, Bünteweg 26.

Hils & A. Maier, Dingolfing, Bruckstr. 99-100.

Hinrichs Verlag, I. C., Leipzig C 1, Scherlstr. 2.

Hinstorff Verlag G. m. b. H., Rostock, Pädagogienstr. 4.

Hippokrates-Verlag Marquardt & Cie., Stuttgart S, Mörikestr. 17.

Hippolyt-Verlag, St. Pölten (Niederösterr.).

Hirschgrabenverlag G. m. b. H., Frankfurt (Main), Grüneburgweg 118.

Hirt, Ferdinand, Kiel, Esmarchstr. 5.

Hirzel, S., Leipzig C 1, Schumachergäßchen 1-3.

Hirzel, S., Stuttgart N, Birkenwaldstr. 185.

Hirzel, S., Zürich, Gotthardstr. 6.

Hoch-Verlag G. m. b. H., Düsseldorf, Kronprinzenstr. 23-29.

Hoch Verlag, Martin, Ludwigsburg.

Hochstein & Co. K.G., Heidelberg, s. **Musikverlag Hochstein & Co. K.G.**

Hochwacht-Verlag, Langnau am Albis (Kt. Zürich).

Hochweg-Verlag, Wuppertal, s. **Aussaat-Verlag G. m. b. H., Hochweg-Verlag u. Jugend unter dem Wort.**

Höfels, Oskar, Wien, I., Seilerstätte 28.

Höfling, Valentin, München 23, Potsdamer Str. 5.

Hölder-Pichler-Tempsky, Wien, I., Singerstr. 12.

Hölzel, Ed., Wien, IV., Mommsengasse 5.

Hönne-Verlag, Gebr. Zimmermann, Balve (Westf.), Widukindplatz.

Hoepli, Ulrich, Casa editrice libraria, Milano, Corso Matteotti 12.

Hörhold K.G., Friedrich M., Hildesheim, Goslarsche Str. 20.

Hörning, Dr. Johannes, Heidelberg, s. **Heidelberger Stadtadreßbuch-Verlag und Druckerei Dr. Johannes Hörning.**

Hoffmann, Erich, Heidenheim (Brenz), Wilhelmstr. 1.

Hoffmann's Wwe., Joh., Musikverlag, München 23, Am Biederstein 7.

Hoffmann, Julius, Stuttgart W, Leuschnerstr. 44.

Hoffmann und Campe, Hamburg 13, Harvestehuder Weg 41.

Hofmann, Karl, Schorndorf b. Stuttgart, Postf. 33.

Hofmann, A., Tann, s. **Buchdruckerei A. Hofmann.**

Hofmann, Karl P., Zella üb. Dermbach (Rhön) (erloschen).

Hofmeister Musikalien-Verlag, Friedrich, jetzt: VEB **Friedrich Hofmeister, Musikverlag**, Leipzig C 1, Karlstr. 10, Postf. 492.

Hofmeister, Friedrich — Figaro Verlag Gesellschaft m. b. H., Wien, I., Seilergasse 12.

Hogarth Press, London W. C. 2, 40-42 William IV Street.

Hoheneck-Verlag, Hamm (Westf.), Rietzgartenstr. 1.

Hohenlohe'sche Buchhandlung Ferdinand Rau, Öhringen (Württ.), Bahnhofstr. 16.

Hohner A.G., Matth., Musikverlag, Trossingen (Württ.), Hohnerstr.

Holbein-Verlag A.G., Basel, Rittergasse 12.

Holland, Uitg. Mij., Amsterdam, Heerengracht 149.

Holland & Josenhans, Stuttgart W, Rotebühlstr. 66 II.

Hollandsche Uitgevershuis, Het, Amsterdam C, Leidschestraat 74.

Holle Verlag, Walter, Bielefeld, Wörthstr. 18.

Holle Verlag G. m. b. H., Darmstadt, Ahastr. 9.

Holler-Verlag, Carl, Hamburg La 1, Höpen 48.

Hollinek, Brüder, Wien, s. **Gesellschaftsbuchdruckerei und Verlag Brüder Hollinek.**

Holstein, J. P. Peter, Gebrüder, Rothenburg, s. **Peter, J. P., Gebrüder Holstein.**

Holt and Comp., Henry, Inc., New York 10, 257 Fourth Avenue.

Holz, Alfred, Berlin-Mahlsdorf, Hönower Str. 168.

Holzforschungsverlag, Stuttgart W, Schwabstr. 159.

Holzhausen, Adolf, Wien, s. **Buchdruckerei und Verlag Adolf Holzhausens Nachf.**

Holzmann, F., Hamburg, Neue Rabenstr. 27-30.

Holzmann, Hans, Bad Wörishofen.

Holzner, H. O., Kitzingen, Schweizergasse 10.

Holzschuh, Alfons, Ravensburg, Goldgasse 5.

Holz-Zentralblatt-Verlagsgesellschaft m. b. H., Stuttgart S, Kolbstr. 4C, Postf. 104.

Hontschik, A. M., Wien, s. **Verlag A. M. Hontschik.**

Hoppe, Bernhard, Musikverlag, Neheim-Hüsten 2, Stolte Ley 10.

Hoppenstedt & Co., Heppenheim, s. **Spezial-Archiv, Das, der Deutschen Wirtschaft, Verlag Hoppenstedt & Co.**

Hornik, Wien, in: **„Österreichische Volksstimme", Globus,** Wien, I., Fleischmarkt 1-5.

Horvath, Viktor, Neusiedl a. See (Burgenland), Hauptplatz 34.

Hosa, Ernst, Wien, XIV., Hütteldorfer Str. 349.

Hostettler, R., und H. Strehler, St. Gallen, s. **Verlag Hostettler, R., & H. Strehler.**

Hruby, M., Gelnhausen, Neuestr. 6.

Hubberten, Dr. Hans G., Tübingen, s. **Alma Mater Verlag Dr. Hans G. Hubberten.**

Huber, Hans, Bern, Marktgasse 9.

Huber Josef C., Dießen v. München, s. **Verlag Josef C. Huber.**

Huber & Co. A.G., Frauenfeld (Kt. Thurgau).

Hubertusverlag Richter & Springer, Wien, XV., Hütteldorfer Str. 26.

Hübener, Hermann, Wilhelmshaven-Ebkeriege, Peterssstr. Gutenberghaus; s. a. **Hera Verlag Hermann Hübener.**

Hueber, Max, München 13, Amalienstr. 79.

Hüllenhagen & Griehl, Hamburg 13, Isestr. 77.

Hürlimann, Martin, Dr., Freiburg, Zürich, s. **Atlantis-Verlag, Dr. Martin Hürlimann.**

Hüthig Verlag, Dr. Alfred, Heidelberg, Mönchhofstr. 15; Frankfurt (Main), Darmstädter Landstr. 62.

Hufeisen-Verlag R. Bauer, Belpberg (Kt. Bern).

Hug & Co., Zürich 22, Limmatquai 26-28.

Hugendubel Verlag, Paul, München 27, Pienzenauer Str. 10.

Hugi, H., R., Bern 10, Murtenstr. 20.

Humanitas-Verlag G. m. b. H., Koblenz, An der Liebfrauenkirche 11.

Humanitas Verlag G. m. b. H., Zürich, Alfred-Escher-Str. 23.

Humboldt-Verlag G. m. b. H., Stuttgart-Degerloch, Löwenstr. 106.

Humboldt-Verlag, Frederik & Co., Wien, I., Schottenring 19.

Hundt-Verlag, Dr. Rudolf Hundt, Hattingen (Ruhr), Waldstr. 28.

Husslein, H., München 33, Postf. 72.

Huth, Eugen, Wuppertal-Vohwinkel, Vohwinkeler Str. 65.

Huttern, Erwin, Klagenfurt (Kärnten), Alter Platz 1.

Huwiler, Werner, St. Margrethen (Kt. St. Gallen).

Hybernia-Verlag, Dornach (Kt. Basel).

Hykel, Gernot, Frankenberg (Eder), Neustädter Str. 4.

Hyperion-Verlag Hermann Luft K.G., Freiburg (Br.), Hauptstr. 28.

Jaegersche Buchdruckerei G. m. b. H., Speyer (Rhein), Körngasse 28.

Jänecke, Gebrüder, Hannover, Osterstr. 88-89.

Jänecke, Dr. Max, Leipzig O 27, Naunhofer Str. 27.

Jaggi-Reiss, L., Gundershoffen (Frankreich).

Jahrbuch-Verlag der Neuen Helvetischen Gesellschaft, Zürich durch: **Buchdruckerei Buri & Cie.,** Bern, Bürenstr. 1.

Jansen, Karl, Kiel, s. **Buchdruckerei Karl Jansen.**

Jarschel, Max, Wegweiser-Verlag, Troisdorf-Oberlahr (Rhld.), Poststr. 30.

Jary Produktion, Michael, Hamburg 13, St. Benedictstr. 9; Saarbrücken, Warndtstr. 45; Berlin-Halensee, Kurfürstendamm 106.

Ibbeken, Johs. F., Schleswig, s. **Johannsen's Buchdruckerei Johs. Ibbeken, F.**

„Ibera"-Verlagsgesellschaft m. b. H., Wien, I., Nibelungengasse 1.

Ibis-Verlag, Linz (Donau), Hafferlstr. 5.

Jean-Paul-Buchhandlung Bayreuth G. m. b. H., Bayreuth, Luitpoldplatz 3 u. 11.

Jedermann-Verlag Dr. Josef Pfeffer, Heidelberg, Brunnengasse 20-24, Postf. 158.

Jehle, J., München, s. **Kommunalschriften-Verlag.**

Jensen, Christian, Breklum, s. **Missionsbuchhandlung Breklum Christian Jensen Verlag G. m. b. H.**

Jentgen Verlag K.G., H., Langenwang b. Oberstdorf (Allgäu).

Jess, Wolfgang, Dresden N 54, Schillerstr. 11.

Iffland-Verlag, Nürnberg, Splittertorgraben 47.

Igda, Istituto geografico de Agostini, Novara (Italien), Corso Cavour 2.

Ihloff & Co., G., Neumünster, Johannisstr. 1.

IKA-Verlag J. Kullmann, Stuttgart-Degerloch, Ahornstr. 12; s. a. **Kullmann, Josef, IKA-Verlag.**

Illustrierter Wirtschaftsspiegel, Der Deutsche Aufbau, Verlag Dr. Raupach, Bingen, s. **Raupach Verlag, Dr. Bruno.**

Imago Publishing Co. Ltd., London W. 1, 10 Nottingham Place.

„Immaculata", Rédaction, Strasbourg-Robertsau, 1, rue principale.

Imprenta „Mercur", Buenos Aires, Paseo Colón 389.

Imprimerie Coopérative (Coop.) Luxembourgeoise, Esch-sur-Alzette (Luxemburg).

Imprimerie nationale, Paris, 2, rue Paul Cézanne.

Imprimerie Charles Ott, Wasselonne (Frankr.).

Imprimerie Saint-Paul, Luxemburg, s. **St. Paulus-Druckerei und Verlag A.G.**

Imprimerie Savernoise, Saverne (Frankreich), 12, Avenue du Zornhoff.

Indispensable, L', Paris (10e), 12, rue de Valenciennes.

Industrie-Verlag Carlheinz Gehlsen vorm. Spaeth & Linde, Konstanz, Bücklestr. 1; Siegburg, Zeithstr. 82; Berlin SW 61, Gitschiner Str. 91.

Industrieverlag von Hernhaussen K. G., Hamburg 11, Rödingsmarkt 24.

Industrie-Verlag Margraf & Fischer, Mainz, Münsterstr. 19-21.

Industrieverlag Spaeth & Linde, Wien, I., Dominikanerbastei 10.

Industrie- und Fachverlag, Heidelberg, Wien, s. **Bohmann, Dipl.-Ing. Rudolf, Industrie- und Fachverlag.**

Industrie- und Handelsverlag G. m. b. H., Hannover-Wülfel, Hildesheimer Chaussee 152; Bremen-Horn, Vahrer Str. 359.

Industrie- und Handelsverlag W. Dorn, Bremen-Horn, jetzt: **Industrie- und Handelsverlag G. m. b. H.**, Hannover.

Informations-Dienst, Vertraulicher, Büdingen (Oberhess.).

Ingold & Co., Ernst, Herzogenbuchsee (Kt. Bern).

Inn-Verlag Driesslein & Co., Innsbruck (Tirol), Museumstr. 19.

Insel-Verlag Anton Kippenberg, Leipzig N 22, Mottelerstr. 8.

Insel-Verlag Anton Kippenberg, Zweigniederlassung Wiesbaden, Karlstr. 38.

Internationale Bibliothek, Verlag Wilhelm Dreecken, Freiburg (Br.)-St. Georgen, Schneeburgstr. 15; Frankfurt (Main), Friedensstr. 5.

Internationale Motor Edition G. m. b. H. IME, Frankfurt (Main), Niddastr. 64.

Internationale Werbegesellschaft, Wien, I., Hoher Markt 12.

Interverlag A.G., Zürich, Genfer Str. 25.

Johannes Gutenberg-Buchhandlung, Mainz, In der Universität (Saarstr.).

Johannes-Verlag, Leutesdorf (Rhein).

Johannes-Verlag, Dr. Joseph Fraefel, Einsiedeln (Kt. Schwyz).

Johannsen's Buchdruckerei Johs. Ibbeken, F., Schleswig, Friedrichstr. 22.

Johann von Gott-Verlag, Regensburg 1, Lohgrabenstr. 50.

Jonscher, Jul., Osnabrück, Hasestr. 35.

Journal agricole d'Alsace et de Lorraine, Strasbourg, 3, Quai de Paris.

Iris-Musik- u. Theater-Verlag August Mallmann G. m. b. H., Recklinghausen, Herner Str. 5.

Iris Verlag A.G., Laupen (Kt. Bern).

Iro-Verlag München Carl Kremling Landkarten-Verlag, München 2, Karlstr. 53.

Isar-Verlag Dr. Günter Olzog, München 22, Von der Tann-Str. 2.

Iskra revoljucii, Moskva, s. **Verlag „Für dauerhaften Frieden, für Volksdemokratie"**, Bukarest.

Jugendbuchverlag Ernst Wunderlich, Leipzig W 31, Karl-Heine-Str. 31.

Jugenddienst-Verlag, Oldenburg (Oldenb.), Amalienstr. 6.

Jugendverlag, Bukarest, Strada Nikos Beloiannis 25.

Juncker Verlag, Axel, Berlin W 30, Eisenacher Str. 2.

Junfermannsche Buchhandlung O. H., Paderborn, Westernstr. 6.

Jung-Verlag G. m. b. H., Stuttgart-Degerloch, Elsaweg 28.

Jungbrunnen-Verlag, Wien, I., Teinfaltstr. 9.

Junge & Sohn, Erlangen, Brucker Str. 8-10.

„Junge Sozialist, Der", Frankfurt (Main), Stuttgarter Str. 29.

Jungers-Barbel, Pierre, Remich (Luxemburg).

Jung-Stilling-Verlag Wilhelm Schmidt, Kreuztal, jetzt: Junkernhees üb. Kreuztal (Westf.).

Junk, Dr. W., Den Haag, Amsterdam, s. **Uitgeverij Dr. W. Junk**, 's Gravenhage.

Jupiter-Verlag, Darmstadt, Grafenstr. 30.

Jupiter-Verlagsgesellschaft m. b. H., Wien, II., Robertgasse 2.

Jura-Verlag K. Gemmerli-Schindler, Biel (Kt. Bern), Güterstr. 12.

Juris-Verlag, Dr. H. Christen, Zürich, Basteiplatz 5.

Juristischer Verlag W. Ellinghaus u. Co. G. m. b. H., Bad Harzburg, Hamburg, jetzt: Essen-Bergeborbeck, Bocholder Str. 259.

Justus-von-Liebig-Verlag, Inh. Karl Heinz Reinheimer, Darmstadt, Georgenstr. 9.

Jus-Verlagsgesellschaft, Baden-Baden, Lange Str. 68.

Kaiser-Verlag, Rud. Carl, Bregenz (Vorarlberg), Römerstr. 9.

Kaiser Verlag, Chr., München 13, Isabellastr. 20.

Kaiser, Fritz, München 38, Hertastr. 42.

Kalenderverlag Martha Heldt, Hamburg-Gr. Flottbek, Bellmannstr. 3.

Kallmeyer, Georg, Wolfenbüttel, Großer Zimmerhof 20.

Kalt, Eberhard, Zug (Schweiz), s. a. **Kalt-Zehnder, Eberhard.**

Kaltschmid, Paul, Wien, XVIII., Gymnasiumstr. 40.

Kalt-Zehnder, Eberhard, Zug (Schweiz), **Am** Bundesplatz.

Kammwegverlag, Troisdorf, durch: **Buchdruckerei Max Jarschel**, Troisdorf (Siegkreis), Poststr. 30.

Kamp, Franz, Bochum, Widumestr. 6-8.

Kamprath Verlag, Ernst, Coburg, Sonntagsanger 1.

Kanisius-Verlag, [Kanisiuswerk], Freiburg (Schweiz), Jolimont 22; Konstanz, Blarer Str. 18.

Kantonaler Lehrmittelverlag, Aarau (Kt. Aargau).

Kantonaler Lehrmittelverlag, St. Gallen.

Kantonaler Lehrmittelverlag, Schaffhausen.

Kantonaler Lehrmittelverlag, Zürich, Walcheturm.

Kantorowicz Verlag G. m. b. H., Alfred, Berlin (erloschen).

Kardesler basimevi, Instanbul, Kuledibi Galata.

Karger A.G., S., Verlag für Medizin und Naturwissenschaften, Basel, Holbeinstr. 22.

Karl-May-Bücherei in der Bayerischen Verlags-Anstalt, Bamberg, s. **Bayerische Verlagsanstalt G. m. b. H.**

Karl-May-Bücherei, Heidelberg, s. **Keysersche Verlagsbuchhandlung G. m. b. H.**

Kartenverlag der Eidgenössischen Landestopographie, Wabern (Kt. Bern).

Kartographische Anstalt Freytag-Berndt und Artaria K.G., Wien, VII., Schottenfeldgasse 62.

Kartographischer Verlag der Continental Gummi-Werke, Hannover-Limmer, Wunstorfer Str. 130.

Kartographisches Institut K. Mair, Stuttgart, s. **Mairs Geographischer Verlag.**

Kasper & Co., Joh., Köln, s. **Verlag Joh. Kasper & Co.**

Katholische Schriftenmission (Inh. Karl Gruber), Linz (Donau), Harrachstr. 5.

Katholisches Bibelwerk, Stuttgart, Waiblinger Str. 27.

Katzmann-Verlag K.G., Tübingen, Schwabstr. 16.

Kauf, Dr. J., Wien, s. **Verlag Dr. J. Kauf.**

Kaufmann K.G., Ernst, Lahr (Bad.), Alleestr. 2.

Kauka-Verlag, München 15, Fliegenstr. 4½.

Kaupertverlag Deutsche Adreßbuch-G. m. b. H., Berlin SW 68, Friedrichstr. 210; Freudenstadt, Alfredstr. 113.

Kauschitz, Rudolf, Chromatikon-Vertrieb, Innsbruck (Tirol), Mandelsbergerstr. 7.

„Kawe" Kommissionsbuchhandlung G. m. b. H., Berlin-Charlottenburg 2, im S-Bahnhof Zoo.

Kayser, Hermann, Kaiserslautern, Parkstr. 21.

Keller, Eugen, Aarau (Kt. Aargau), Rain 34.

Keller, Josef, Düsseldorf, jetzt: Frankfurt (Main), Lersnerstr. 41.

Keller & Co., A.G., Luzern, Baselstr. 13.

Kellerer's Verlag, Max, München, Lotzbeckstr. 2a.

Kelter Verlag, Martin, Inh. Otto Melchert, Hamburg-Wandsbek, Rennbahnstr. 166.

Kelterborn, Ernst, Göttingen, Judenstr. 20, Postf. 126.

Kemper Verlag, Heidelberg, Dantestr. 45.

Kempfe-Verlag, Otto Hennig, Clausthal-Zellerfeld, Großer Bruch 1.

Keppler Verlag, Paul, Baden-Baden, Hildastr. 11.

Keppler & Cie., Wien, s. **Verlag Toja Keppler & Cie.**

Kepplerhaus G. m. b. H., Stuttgart S, Tübinger Str. 24.

Kerberg-Verlag G. m. b. H., Wuppertal-Barmen, Hindenburgstr.

Kerle, F. H., Heidelberg, Theaterstr. 18; Hirschhorn (Neckar), Am Michelberg.

Kernen Verlag, Alfred, Stuttgart W, Schloßstr. 80.

Kesselringsche Verlagsbuchhandlung Henny v. Mayer, Wiesbaden, Dreiweidenstr. 7.

Kessler Verlag K.G., Mannheim U 3, 16-17.

Ketterl, Eugen, Wien, s. **Verlag Eugen Ketterl.**

Kettner, Andreas, Riedenburg (Obpf.).

Keune, Hans A., Hamburg 1, Speersort 1 (Pressehaus).

Keysersche Verlagsbuchhandlung G. m. b. H., Verlag der Karl-May-Bücherei, Heidelberg, Mönchhofstr. 4a.

Kiefel, Johannes, Wuppertal-Barmen, Farbmühle 11A.

Kiehl, Friedrich, G. m. b. H., Fachverlag für Wirtschafts- und Steuerrecht, Ludwigshafen (Rhein), Prinzregentenstr. 21.

Kienreich, Jos. A., Graz (Steiermark), Sackstr. 6.

Kiepenheuer Verlag, G. m. b. H., Gustav, Weimar, Lenbachweg 2.

Kiepenheuer, Witsch & Co., Köln, s. **Verlag Kiepenheuer, Witsch & Co.**

Kiepert, Robert, vorm. E. Ostermoor, Berlin-Charlottenburg 2, Knesebeckstr. 8-9.

Kiesel & Co., R., Salzburg, s. **Verlag „Das Berglandbuch".**

Kieser, E., K.G., Augsburg, Imhofstr. 13.

Killinger, Verlagsgesellschaft m. b. H., Heinrich, Nordhausen, Köllingstr. 12, Postf. 270.

Kilpper, Gustav, Stuttgart O, Pischkestr. 72.

Kinau Verlag Wolf u. Täuber, Metta, Lüneburg, Am Graalwall 7.

Kinderbuchverlag, Der, Berlin W 8, Markgrafenstr. 30.

Kindler und Schiermeyer Verlag o. H.G., Bad Wörishofen.

Kirchheim & Co., G. m. b. H., Mainz, s. **Verlag Kirchheim & Co. G. m. b. H.**

Kirchhoff Verlag, Gerhard, Freiburg (Br.), Erwinstr. 30.

Kirchner Verlag, Arthur, Berlin-Wittenau, Jathoweg 14.

Kirchner, U., Biberach, Gartenstr. 25.

Kirsch, Josef, Düren, Markt 14.

Kirschbaum Verlag, Fachverlag für Verkehr und Technik, Bielefeld, Detmolder Str. 130a.

Kirstein, Waldemar, Arolsen, Bahnhofstr. 7.

Kistner & Siegel, Lippstadt (Westf.).

Klasing & Co. G. m. b. H., Berlin W 35, Schöneberger Ufer 59; Bielefeld, Mauerstr. 8.

Klassiker-Verlagsgesellschaft m. b. H., Wien, VIII., Lange Gasse 41.

Klein Verlag G. m. b. H., Woldemar, Baden-Baden, Leisberghöhe 30.

Kleine, O. E., Braunschweig, s. **Verlag Otto Erich Kleine.**

Kleine Verlagsgesellschaft Stuttgart G. m. b. H., Stuttgart-Vaihingen, Finkenweg.

Kleinmayr, Ferd., Klagenfurt (Kärnten), Alter Platz 24.

Kleinschriften-Verlag, Frankfurt (Main), Lersnerstr. 41.

Klett, o. H.G., Ernst, Stuttgart W, Rotebühlstr. 75-77.

Klie & Co., Hann. Münden, s. **Verlagsgesellschaft Klie & Co.**

Kliment, Johann, Wien, s. **Musikverlag Johann Kliment.**

Klimsch & Co., jetzt: **Polygraph-Verlag,** Frankfurt (Main), Mainzer Gasse 37.

Kling, Hans, Bad Mergentheim, Gänsemarkt 3, Postf. 168.

Klinkhardt, Julius, Bad Heilbrunn, s. **Verlag Julius Klinkhardt.**

Klinkhardt & Biermann, Richard Carl Schmidt, Braunschweig, Helmstedter Str. 151.

Klopp, Erika, Berlin-Wilmersdorf, Nassauische Str. 47.

Kloss, Conrad, Hamburg 36, Neuer Wall 28.

Klosterhaus Verlag, Lippoldsberg (Weser), Klosterhaus.

Klostermann, Vittorio, Frankfurt (Main), Klüberstr. 6.

Knaack, Wilhelm, Münster, Salzstr. 29.

Knabe Verlag, Gebrüder, Weimar, Luthergasse 1.

Knapp, Karl, Düsseldorf, Feldstr. 30.

Knapp, Fritz, Frankfurt (Main), s. **Verlag Fritz Knapp.**

Knapp, Wilhelm, Halle (Saale), Mühlweg 19.

Knauer, H., Berlin-Dahlem, Am Hirschsprung 3.

Knödler, Karl, Reutlingen, Katharinenstr. 8.

Knoppke, Carl, Grüner Verlag und Vertrieb, Berlin-Charlottenburg, Ilsenburger Str. 10a.

Koch, Alexander, Stuttgart, s. **Verlagsanstalt Alexander Koch.**

Koch, Neff & Oetinger & Co., Stuttgart S, Eberhardtstr. 10, Postf. 210.

Koehlers Verlagsgesellschaft, Biberach (Riß), Gerbergasse 8.

Köhler, Hans, Hamburg 39, Hudtwalckerstr. 12.

Koehler, K. F., Stuttgart S, Eberhardtstr. 10.

Koehler & Amelang, Zweigbetrieb der Union-Verwaltungs-G. m. b. H. (VOB) Berlin, Leipzig C 1, Hainstr. 2.

Koehler & Voigtländer, Biberach (Riß); Leipzig C 1, Inselstr. 20.

Koehler & Volckmar, Stuttgart S, Eberhardstr. 10, Postf. 210.

Köllen-Verlag, Bonn, Rosental 7.

Kölner Universitäts-Verlag G. m. b. H., Köln-Weidenpesch, Neußer Str. 624.

Kölzig, Heinzwolf, Düsseldorf, s. **Verlag Heinzwolf Kölzig.**

Körting-Verlag, Lindau (Harz) über Northeim (Hann.).

Kösel-Verlag O. Huber K.G., München 15, Kaiser-Ludwig-Platz 6; Kempten (Allgäu).

Köster-Verlag, Hamburg-Blankenese, Kösterbergstr. 1.

Koesters Akademische Buchhandlung Paul Obermüller G. m. b. H., Gustav, Heidelberg, Hauptstr. 60.

Kohl, Georg, Brackenheim bei Stuttgart.

Kohlhammer Verlag, W., Stuttgart S, Urbanstr. 12-14; Köln, Mittelstr. 7.

Koisser, Karl, Stockerau (Niederösterr.), Wiener Str. 4.

Kolping-Verlag, Köln, Kolpingplatz 9-11.

Kommentator G. m. b. H., Frankfurt (Main), Schumannstr. 29.

Kommunalschriften-Verlag J. Jehle, München 34, Barer Str. 32.

Kommunal- u. Schul-Verlag K.G., Wiesbaden, Adolfsallee 47.

Kompass-Verlag A.G., Zürich, Sonneggstr. 80.

Kongreß-Verlag G. m. b. H., Berlin W 8, Thälmannplatz 8-9.

Kongreß-Verlag A.G. (vormals Credesco A.G.), Zürich 6, Sumatrastr. 5.

Konkordia A.G. für Druck und Verlag, Bühl (Baden), Eisenbahnstr. 31-33.

Konkordia-Verlag G. m. b. H., Frankfurt (Main), Jahnstr. 43.

Konradin-Verlag Robert Kohlhammer G. m. b. H., Stuttgart 1, Postf. 625; Stuttgart S, Dannecker-str. 52.

Kopp, Guido, Berlin SW 61, Mehringdamm 82.

Korallen Verlags- und Versandbuchhandlung Hans Pittioni, Wien, I., Kohlmarkt 11.

Korn & Berg, Nürnberg, Hauptmarkt.

Korporation Berliner Buchhändler, Berlin W 35, Winterfeldtstr. 68.

Korsch, Adolf, München, s. **Kunstverlag Adolf Korsch.**

Kort, Fr., Bad Sülze (Meckl.).

Krach, Dr. Hanns, Mainz, Breidenbacher Str. 8.

Kracke, Benno, Wolfenbüttel, Reichsstr. 3.

Krämer, Karl, Stuttgart W, Johannesstr. 23.

Kraemer, Maximilian, Verlag „Der Bastler", Wien, I., Seilerstätte 13.

Kraft Verlag, Adam, Augsburg, Auf dem Kreuz 27.

Kraft, Guillmo, Buenos Aires, s. **Limitada Sociedad Anon. de Impresiones Generals Guillmo Kraft.**

Kraft, Mistelbach a. d. Zaya (Niederösterr.), Weimarer Str. 6.

Krafthand Verlag Walter Schulz, Bad Wörishofen, Bachstr. 2; Berlin-Grunewald, Wangenheimstr. 36.

Kral & Co. o. H.G., Josef, Inh. Josef und Anna Kral, Abensberg (Ndb.), Nr. 114-115.

Kramer, Dr. Waldemar, Frankfurt (Main), NO 14, Bornheimer Landwehr 57a.

Kraus K. G., H. A., Salzburg s. **Verlag H. A. Kraus K.G.**

Krauskopf-Verlag, G. m. b. H., Otto, Wiesbaden, Bahnhofstr. 61, Postf. 919.

Krauth, Karl, Bad Gastein, s. **Verlag Karl Krauth.**

Krehl Verlag, Stuttgart, Rothannenweg 11.

Kremayr und Scheriau, Wien, s. **Verlag Kremayr und Scheriau.**

Kreutler, E. und A., Zürich 32, Minervastr. 28.

Kreuz-Verlag G. m. b. H., Stuttgart, Gutenbergstr. 30.

Kreyssig, Horst, Musikverlag, Berlin NW 21, Oldenburger Str. 37.

Krieg Verlag, Walter, Herbert Stubenrauch, Bad Bocklet b. Bad Kissingen (Mainfr.); Wien, I., Kärntnerstr. 4; Zürich, Akazienstr. 2.

Krieger-Verlag, Dr. K., Weinheim (Bergstr.), Am Hauptbahnhof 10.

„Kriminalistik" Verlag für kriminalistische Fachliteratur, Heidelberg, Bergheimer Str. 40-42.

Kristekat, Gertraude, Hamburg 11, Alter Wall 50-52.

Kröner Verlag, Alfred, Stuttgart S, Fangelsbachstr. 32.

Krösing-Verlag, Paul, Osterode (Harz), Postf. 80.

Krohn Verlag, Hans, Bremen 13, Werftstr. 34-36.

Kromat-Verlag, Erich, Bremen-Horn, Leher Heerstr. 97.

Krompholz & Co., Bern, Spitalgasse 28.

Krüger Verlag G. m. b. H., Wolfgang, Hamburg-Wellingsbüttel, Wellingsbütteler Weg 163.

Krüger-Verlag, Tambach-Dietharz (Thür.).

Krug, Eduard, Bietigheim, Lugstr. 19.

Krug-Verlag, Richard, Puchheim vor München.

Krusemann, J. Philip, 's Gravenhage, Nassauplein 1b.

„Ksiażka i Wiedza", Warszawa, Smolna 13.

Kühlen, B., M.-Gladbach, Neuhofstr. 48.

Kühne, Karl, Wien, I., Wollzeile 7.

Külling, Robert, Thun (Kt. Bern), Riedhofweg 1.

Kümmerly & Frey A.G., Geographischer Verlag, Bern, Hallerstr. 6-8.

Küpper, Helmut, vormals Georg Bondi, Düsseldorf, Boltensternstr. 12; München, Maria-Theresia-Str. 7.

Küster Nachf., J. D., Bielefeld, Niedernstr. 23-25.

Kuhn, Dr. F., Salzburg, Leopoldskronstr. 56.

Kuhn & Fonje, Salzburg, Leopoldskronstr. 56.

Kullmann, Josef, IKA-Verlag, Stuttgart-Degerloch, Ahornstr. 12.

Kultura, Verlagsgesellschaft m. b. H., Budapest, VI., Lendvay - u. 2 (Deutsches Haus).

Kulturbuch-Verlag G. m. b. H., Berlin W 30, Passauer Str. 4.

Kumm, Liselotte, Offenbach (Main), s. **Bücherstube Liselotte Kumm.**

Kunst und Technik, München 25, Lipowskystr. 8.

Kunstdruckerei Künstlerbund Karlsruhe G. m. b. H., Karlsruhe (Bad.), Erbprinzenstr. 6-10.

Kunst- und Bücherstube Peter Schmitz, Bad Neuenahr, Poststr. 7.

Kunstverlag Agathon, München 22, Widenmayerstr. 28.

Kunstverlag Erhard Bunkowsky, Niedersedlitz b. Dresden.

Kunstverlag Fingerle & Co., Eßlingen (Neckar), Hindenburgstr. 31a.

Kunstverlag Adolf Korsch, München 13, Schellingstr. 103.

Kunstverlag Michel, Nürnberg, Hummelsteiner Weg 33.

Kunstverlag Wolfrum, Wien, I., Augustinerstr. 10.

Kunstwart-Verlag, Georg D. W. Callwey, München 2, Finkenstr. 2;
s. a. **Callwey, Georg D. W.**

Kupfer, Paul, Weilburg (Lahn), Am Postplatz 9.

Kupferberg Verlag, Florian, Mainz, Kupferberg-Terrasse 19.

Kurmann Verlag, Zürich, Dufourstr. 32.

Kurverlag Wiesbaden Walter Gericke, Wiesbaden, Taunusstr. 4.

Kutschera, Leopold, Wien, VII., Neubaugasse 29.

Kutter-Keiser-Verlag, Wattwil (Kt. St. Gallen).

Kuwe Werbebüro und Verlag Wolf Nagel, Hanau (Main), vor der Kinzigbrücke 31.

Laatzen-Verlag, Hermann, Hamburg 1, Schopenstehl 15; Hamburg-Altona, Wohlersallee 12.

Lachner & Co., J., Wien, s. **Frau & Mutter-Verlag, J. Lachner & Co.**

Länzlinger, Alfons, Zürich 38, Seestr. 314.

Laetare-Verlag, Nürnberg, Guntherstr. 58.

Lahn-Verlag, Limburg (Lahn), Wiesbadener Str. 1, Postf. 18.

Lambertus-Verlag G. m. b. H., Freiburg (Br.), Belfortstr. 18.

Landbau-Verlag, Berlin NW 7, Schumannstr. 16.

Landbuch-Verlag G. m. b. H., Hannover, Hohenzollernstr. 39.

Landesverlag Thüringen VEB (Z), Weimar, Scherfgasse 1-5, Postf. 235.

Landverlag G. m. b. H., Dortmund, Thomasstr. 18.

Landwehr-Pragenau, Leo, Linz (Donau), Bahnhofstr. 14.

Landwirtschaftliche Druckerei und Verlagsanstalt G. m. b. H., Itzehoe (Holst.), Breite Str. 40.

Landwirtschaftlicher Ansporn-Verlag Dr. Gabler, Wiesbaden, Postf. 11,
s. a. **Betriebswirtschaftlicher Verlag Dr. Th. Gabler,** Wiesbaden.

Landwirtschaftsverlag G. m. b. H., Hiltrup (Westf.), Bahnhofstr. 89.

Landy, Edmund, Wien, I., Rotenturmstr. 12.

Lang & Cie., Herbert, Bern, Münzgraben 2, Amthausgasse 1.

Lang, J., Reiseführer- und Adreßbuch-Verlag, München 25, Lindenschmitstr. 25.

Lang, Luitpold, München, s. **Verlag Luitpold Lang.**

Lang, Rudolf A., Pößneck (Thür., erloschen).

Lange, Allert de, Amsterdam, s. **Verlag C. V. Allert de Lange.**

Lange Verlag, Carl, Duisburg, Kuhstr. 2-4, Generalanzeigerhaus.

Langen, Albert, - Georg Müller Verlag, G. m. b. H., München 19, Hubertusstr. 4.

Langenhan-Hirzel, Ed., Berg (Kt. Thurgau).

Langenscheidt K.G., Berlin - Schöneberg, Bahnstr. 29-30; Berchtesgaden (Obb.), Ortsteil Strub.

Langewiesche, Karl Robert, Königstein (Taunus), Am grünen Weg 6.

Langewiesche-Brandt, K. G., Wilhelm, Ebenhausen b. München.

Langlois & Cie., Burgdorf (Kt. Bern), Hohengasse 4.

Laßleben, M., Kalmünz (Bay.).

Laterza & Figli, Giuseppe, Bari, via Dante Alighieri 47.

Laumann'sche Verlagsbuchhandlung, A., Dülmen (Westf.), Victoriastr. 20.

Lax, August, Hildesheim, Weinberg 56 u. Bernwardtstr. 7.

Lebenskunst, Krefeld, Bismarckstr. 23.

Lebensweiser-Verlag, Büdingen-Gettenbach (Krs. Gelnhausen), Hauptstr. 2.

Leberecht, Lothar, Waiblingen (Württ.), Schmiedenerstr. 7.

Lechner & Sohn, Rudolf, Wien, I., Seilerstätte 5.

Lechle, Heinrich & J., Emsdetten, Schulstr. 6, Postf. 3.

Leder- und Schuh-Kurier, Verlag Otto Sternefeld, G. m. b. H., Düsseldorf, Wilhelm-Marx-Haus.

Leemann A. G., Zürich 2, Stockerstr. 64.

Lehmanns Verlag, J. F., München 15, Paul-Heyse-Str. 26.

Lehnen Verlag G. m. b. H., Leo, München 2 BS, Türkenstr. 17, Postf. 310.

Lehning, Walter, Hann.-Münden; jetzt: Hannover, Bahnhofstr. 5.

Lehrmittel-Verlag G. m. b. H., Offenburg (Bad.), Hauptstr. 13, Postf. 137.

Lehrmittelverlag Wilhelm Hagemann, Düsseldorf, Friedrich-Ebert-Str. 9.

Lehrmittel-Verlag Berthold Horstmann, Unna (Westf.).

Leibniz-Verlag, München, [firmiert wieder]: **Oldenbourg Verlag G. m. b. H., R.,** München.

Leibniz Verlag Otto Reichl, Darmstadt; Seeheim an der Bergstraße, Postf.; Königsfeld (Schwarzw.).

Leinmüller & Co., Wien, VII., Burggasse 51.

Leipziger Bienenzeitung Liedloff, Loth & Michaelis, Leipzig C 1, Katharinenstr. 17.

Leitner & Co., Wels (Oböstеrr.), Pfarrgasse 15.

Lembeck, Otto, Frankfurt (Main), Stuttgarter Str. 18.

Lemmer, Konrad, jetzt: **Rembrandt-Verlag G. m. b. H.,** Berlin SW 11, Tempelhofer Ufer 32.

Lempen & Cie., Schaffhausen, Haldenstr. 4.

Lengericher Handelsdruckerei, Lengerich (Westf.), Bahnhofstr. 206.

Lensing Verlagsanstalt K. G., Gebrüder, Dortmund, Westenhellweg 64.

Leon sen., Joh., Klagenfurt (Kärnten), Obstplatz 2.

Leopold, Oskar R., Wien, V., Ramperstorffergasse 48.

Lepel, Felix v., Dresden A 24, Wormannstr. 26; Berlin-Charlottenburg, Knesebeckstr. 76.

Lerche, Robert, München M 15, Waltherstr. 27.

Lescuyer et fils, M., Lyon (Rhône), 16, rue des Remparts d'Aimay.

Leske, C. W., Darmstadt, Bleichstr. 4.

Lettner-Verlag G. m. b. H., Berlin-Dahlem, Podbielski-Allee 56.

Leuchter, Der, Darmstadt, s. **Reichl, Otto, Verlag Der Leuchter.**

Leuckart Musikverlag F. E. C., Leipzig C 1, Marienstr. 15.

Leuckart Musikverlag, F. E. C., München 19, Prinzenstr. 17.

Leuen-Verlag, Thomas Sessler, Wien, XV., Sechshauser Str. 89.

Levin, Otto, Bad Kissingen, Ludwigstr. 9.

Levin & Munksgaard, København, Nörregade 6.

Lewit, A., Wien, I., Biberstr. 22.

Leybold's Nachf., Köln-Bayental, Bonner Str. 504.

Leykam-Verlag G. m. b. H., Graz (Steiermark), Stempfergasse 3-7.

Librairie classique, Eugène Belin, Paris (6e), 8, rue Férou.

Librairie Armand Colin, Paris (5e), 103, Boulevard Saint-Michel.

Librairie Oberlin, Strasbourg, 19, rue des Francs-Bourgeois.

Librairie du Recueil Sirey, Paris (5e), 22, rue Soufflot.

Librairie Stock, Delamain et Boutelleau, Paris (6e), 6, rue Casimir-Delavigne.

Librairie de l'Université S. A. et Editions LUF, Freiburg (Schweiz), rue Romont 22-24; s. a. **Universitätsbuchhandlung Freiburg,** Freiburg (Schweiz).

Libreria Goethe, Buenos Aires, Corrientes 366.

Lichtland-Verlag, Dornbirn (Vorarlberg).

Lichtner, Julius, Wien, s. **Verlag Julius Lichtner.**

Liebel, Ludwig, Nürnberg, Schoppershofstr. 56a.

Liebetrau Verlag, Basel, Wettsteinallee 55.

Liebig-Verlag, J. v., Darmstadt, s. **Justus-von-Liebig-Verlag.**

Liechtenstein-Verlag, München 38, Prinzenstr. 54.

Liechtenstein-Verlag, Vaduz (Liechtenstein).

Liedloff, Loth & Michaelis, Leipzig, s. **Leipziger Bienenzeitung Liedloff, Loth & Michaelis.**

Lienau, Robert, Berlin-Lichterfelde, Lankwitzer Str. 9.

Limbach K. G., Albert, Braunschweig, Hutfiltern 8.

Limes Verlag, Wiesbaden, Spiegelgasse 9.

LimburgerVereinsdruckerei, Limburg (Lahn), Dietzer Str. 17.

Limitada Sociedad Anon. de Impresiones Generals Guillmo Kraft. Buenos Aires (Argentinien), Reconquista 319.

Limpert-Verlag, Wilhelm, Frankfurt (Main), Liebfrauenstr. 4.

Lindauer Verlag, J., München, s. **Lindauersche Univ. Buchhandlung (Schöpping), J.**

Lindauersche Univ. Buchhandlung (Schöpping), J., Abt. J. Lindauer Verlag (Schaefer), München 2, Kaufingerstr. 29.

Linde Verlagsgesellschaft m. b. H., Wien, IX., Canisiusgasse 8-10.

Linden, P., Luxemburg, s. **Verlag P. Linden.**

Lindstedts Universitets-Bokhandel A. G., Ph., Lund (Schweden), Klostergatan 8.

Linnepe, v. d., Lüdenscheidt (Westf.).

Lipsia, Philatelistische Verlagsgemeinschaft, Leipzig C 1, Markgrafenstr. 2.

Lipsius & Tischer, Kiel, Holstenstr. 80.

List Verlag, Paul, Innsbruck, Museumstr. 4.

List Verlag, Paul, Leipzig C 1, Paul-List-Str. 22.

List Verlag, Paul, München 15, Goethestr. 43; Freiburg (Br.), Hansjacobstr. 12.

List & von Bressensdorf, Leipzig C 1, Paul-List-Str. 22.

Literaria Verlagsbuchhandlung, Wien, VII., Neubaugürtel 26.

Littmann, A., Oldenburg, Rosenstr. 42-43.

Litzinger und Haufellner, München, s. **Verlag Litzinger und Haufellner.**

Löffler, Hermann, Musikverlag, Berlin SO 36, Adalbertstr. 91.

Löpfe-Benz A. G., E., Rorschach (Kt. St. Gallen), Signalstr. 7.

Loepthien-Klein, W., Meiringen (Kt. Bern).

Loewe, Fritz, Leoben, s. **Verlag Fritz Loewe.**

Loewes Verlag Ferdinand Carl, Stuttgart W, Augustenstr. 30.

Logos Druck- und Verlagsgesellschaft m. b. H., Lüdenscheid (Westf.).

Longo e Zoppelli, Treviso, s. **Canova, Cartolibraria editrice, già Longo e Zoppelli.**

Lorber-Verlag Otto Zluhan, Bietigheim (Württ.), Hindenburgstr. 3.

Lorch-Verlag G. m. b. H., Frankfurt (Main), Freiherr-vom-Stein-Str. 7.

Lucas, Samuel, G. m. b. H., Wuppertal-Elberfeld, Lucasstr. 6-16.

Luchterhand, Hermann, Berlin-Frohnau, Welfenallee 3-5; Neuwied (Rhein), Heddesdorfer Str. 31.

Luckmann Verlag, Ilse, Wien, I., Grillparzerstr. 7.

Lückertz, Matthias, Münster (Westf.), Roggenmarkt 4.

Lüdin A. G., Liestal (Kt. Basel-Land), Schützenstr. 6.

Lühmann, G., Hamburg-Harburg, s. **Verlag G. Lühmann.**

Lüthy, Hans, Bern, Montbijoustr. 28.

Luja-Beffort, Luxemburg, 10, rue Chimay.

Luigard, A., Wien, VIII., Pfeilgasse 35.

Luken & Luken, Nürnberg 5, Postf. 41.

Lurz, Dr. Martin, München 13, Adalbertstr. 110.

Lutheraner-Verlag G.m.b.H., Frankfurt (Main), Taunusstr. 43.

Lutherhaus-Verlag G. m. b. H., Hannover, Ebhardtstr. 3A.

Lutherisches Verlagshaus Herbert Renner, Berlin-Spandau, Johannestift.

Luther-Verlag G. m. b. H., Witten-Ruhr, Röhrchenstr. 10.

Lutterloh, Alfred, Lindau (Bodensee), Im Grund 2.

Lutzeyer, August, Frankfurt (Main), s. **Lutzeyers Fortsetzungswerke** sowie **Verlag August Lutzeyer.**

Lutzeyers Fortsetzungswerke G. m. b. H., Frankfurt (Main), Elefantengasse 10; Bonn, Schloßstr. 8.

Lux, Sebastian, Murnau b. München, s. **Verlag Sebastian Lux.**

Lyon, Gustav, Berlin SW 68, Neue Jacobstr. 6.

Lyra Verlag, Wien, s. **Molitor, Oskar.**

Maag-Ryser, Gustav, Zürich 47, Goldackerweg 31.

Maaß, H., Berlin-Charlottenburg, Droysenstr. 19, s. a. **Commedia-Verlag,** Berlin.

Maass, Otto, Wien, VI., Mariahilferstr. 91.

Macmillan Company, New York 11, N. Y., 60 Fifth Avenue.

Mader, J., Gmunden, s. **Verlag J. Mader.**

Märkische Druck- und Verlags-G. m. b. H., Potsdam, Friedrich-Engels-Str. 21a (erloschen).

Märkische Schriftenmission, Berlin-Nikolassee, Teutonenstr. 22.

Märkischer Verlag G. m. b. H., Bochum, Rathausplatz 8.

Märkischer Verlag Rudolf Heinke, Lüdenscheid (Westf.), Stabergerstr. 34 und Schützenstr. 4a.

Maestro, Internationaler Musik- und Bühnenverlag, Berlin-Charlottenburg 5, Witzlebenstr. 25.

Magnet-Musik, Rudolf Winnike, Düsseldorf, Mathildenstr. 27.

Magnus-Verlag G. m. b. H., Schloß Kühlenfels (Obfr.).

Magnus-Verlag und Werbedienst A. G., Zürich 4, Feldstr. 122.

Mahl, M., Bruneck (Italien), Via Centrale 40.

Majer, Heinrich, vorm. C. F. Spittler, Basel, Stapfelberg 6.

Maier Verlag K. G., Otto, Ravensburg (Württ.),, Marktstr. 22-26.

Main-Druck, Dr. Walter Oppenheimer, Frankfurt (Main)-Fechenheim, Orber Str. 4-6.

Mainzer Verlagsanstalt Will & Rothe, Mainz, Große Bleichstr. 46-48.

Mairs Geographischer Verlag, Stuttgart PA 13, Spittler Str. 8.

Maisch & Queck, Gerlingen über Stuttgart-Feuerbach.

Maison Saint-Antoine, Sélestat (Frankreich), rue St. Antoine.

Maiwald, Heinrich, Stuttgart W, Augustenstr. 43.

Malepartus-Verlag, Puchheim b. München.

Mallin Verlag, Helene, Berlin-Lichterfelde-West, Drakestr. 70; Stuttgart S, Strohberg 38; Hamburg 13, Grindelhof 71-73.

Mally, Alois, Wien, s. **Buchdruckerei und Verlag Alois Mally.**

Manesse-Verlag, Zürich, s. **Conzett & Huber.**

Mann Verlag G. m. b. H., Gebr., Berlin-Schöneberg, Hauptstr. 26.

Mannheimer Großdruckerei G. m. b. H., Mannheim, R 1, 4-6.

Manutiuspresse" Wulf Stratowa Verlag, Wien, I., Schellinggasse 3.

Manz-Verlag, München, s. **Verlagsanstalt vorm. G. J. Manz A. G.**

Manz'sche Verlags- und Universitätsbuchhandlung (Julius Klinckhardt & Co.), Wien, I., Kohlmarkt 16.

Manz & Lange G. m. b. H., Bremen, s. **Verlag Manz & Lange G. m. b. H.**

Marathon-Edition, Herbert St. Fürlinger, Wien, VII., Westbahnstr. 31.

Mardicke, Fritz, Hamburg-Poppenbüttel, Heegbarg 46-48.

Margraf & Fischer, Mainz, s. **Industrieverlag Margraf & Fischer.**

Marhold Verlagsbuchhandlung, Carl, Berlin-Charlottenburg 9, Bayernallee 44.

VEB Marhold Verlagsbuchhandlung, Carl, Halle, Henriettenstr. 3.

Marianischer Verlag, Innsbruck, Andreas-Hofer-Str. 4.

Markewitz, Richard, Mühlhausen (Thür.), Herrenstr. 20, Postf. 46, (in Konkurs).

Markwart-Verlag G. m. b. H., Berlin NW 40, Kirchstr. 17.

Marsidouscheg & Co., J., Wien, s. **Zeitungs- und Zeitschriftenverlag J. Marsidouscheg & Co.**

Martens & Co. G. m. b. H., Th., München 2, Brienner Str. 46.

Martin-Heilmann-Verlag, Gladbeck, Humboldtstr. 15, Postf. 153.

Martin Luther Verlag Kurt Holstein Erlangen und Würzburg, Würzburg, Barbarastr. 30.

Martini & Grüttefien, Wuppertal-Elberfeld, Genügsamkeitstr. 9 II.

Marzellus-Buchhandlung Dr. Erich Meyer-Bachem, Köln, Marzellenstr. 41.

Masson & Co., M. M., Paris (6e), 120, boulevard St. Germain.

Masta-Verlag, Nürnberg-Buch, Oberer Weg 12.

Materna-Verlag, München 19, Magdalenenstr. 28.

Matt, Josef von, Stans (Kt. Nidwalden).

Matthaes Verlag, Hugo, Stuttgart N, Hospitalstr. 26.

Matthes, Erich, Hamburg-Rahlstedt, Adolfstr. 67.

Matthias-Grünewald-Verlag K. G., Mainz (Rhein), Auf dem Hardenberg 51, Postf. 97.

Matthiesen & Co. K. G., Dr. M., Tübingen, Schaffhausenstr. 3.

Maudrich, Wilhelm, Medizinischer Verlag, Wien, VIII., Alser Str. 19.

Mauerhardt, Rudolf, Wien, VIII., Wickenburggasse 4.

Maurer, L., Geislingen (Steige), Stuttgarter Str. 66 u. Gartenstr. 2.

Maurer-Verlag, Lippstadt, Schillerstr. 15.

Maximilian-Verlag, Max Staercke K. G., Detmold, Brahmsstr. 2.

May & Co., Erwin, Hann. Münden, Postf. 110.

May Verlag, Elisabeth, München 13, Tengstr. 20.

Mayer, Hugo, Dornbirn (Vorarlberg).

Mayer Verlag, Karl, Stuttgart 13, Haußmannstr. 198-202.

Mayr, München, s. **Fachbuchverlag Mayr.**

Mayrhofer, Alois, Kirchschlag in der Buckligen Welt (Ndrösterr.).

Mayrische Buchhandlung Otto Neugebauer, Salzburg, Schwarzstr. 18.

Mazenod, Lucien, Genf, s. **Editions Contemporaines S. A.**

MBK-Verlag, G. m. b. H., Bad Salzuflen, Steege 14, Postf. 43.

„MC"-Zeitschriftenverlag, Wien, I., Wiesinger Str. 3.

Mecke, Aloys, Duderstadt, Judenstr. 25.

Medicus-Verlag, Berlin SW 68, Lindenstr. 12.

Mehring Verlag, München, Viktoriastr. 21.

Meili, Fritz, Trogen, s. **Buchdruckerei Fritz Meili.**

Meinders & Elstermann — J. G. Kisling, Osnabrück, Große Str. 17-18 u. Möserstr. 6.

Meiner, Felix, Hamburg 1, Spaldingstr. 210-212.

Meiner, Richard, Hamburg 1, Spaldingstr. 210-12.

Meininger, Daniel, Neustadt (Weinstraße), Maximilianstr. 11-17.

Meinwerk-Verlag, Salzkotten (Westf.).

Meissners Verlag, Otto, Hamburg 1, Mönckebergstr. 10 I; Schloß Bleckede (Elbe).

Meister, Hermann, Heidelberg, Römerstr. 2, Postf. 75.

Meister Verlag, Rosenheim (Obb.), Heilig-Geist-Str. 2a.

Melchert, Otto, Hamburg-Wandsbek, s. **Deutscher Literatur-Verlag Otto Melchert** sowie **Verlag Otto Melchert.**

Melliand-Textilberichte K. G., Heidelberg, Friedrich-Ebert-Platz 3.

Mende jr., Hans, Karlsruhe, Karlstr. 76.

Mendelsohn, Jacob, Nürnberg, Prinzregentenufer 7.

Mensa, Dr. Elisabeth, Wien, s. **Verlag Dr. Elisabeth Mensa.**

„Mercur", Buenos Aires, s. **Imprenta „Mercur".**

Merian Verlag, Gerhard, Stuttgart-Degerloch, Jahnstr. 43.

Merk, Oberbadische Verlags-Anstalt, Konstanz, s. **Oberbadische Verlags-Anstalt Merk & Co.**

Merkel, Rudolf, Erlangen, Weiße-Herz-Str. 2½.

Merkur-Lehrmittel-Verlag, Rinteln (Weser).

Merseburger K. G., Berlin-Steglitz, s. **Verlag Merseburger K. G.**

Merseburger & Co. G.m.b.H., Hamburg 1, Altstädter Str. 11.

Merz, Adolf, Olten (Kt. Solothurn), Obere Hardegg 5, (im Verlag Dietschi).

Messerturm-Verlag, Rheinfelden (Kt. Aargau).

Metall-Verlag G. m. b. H., Berlin-Grunewald, Hubertusallee 18.

Metall-Verlag, Bern, Kirchenfeldstr. 50.

Metopen-Verlag, Wiesbaden - Schierstein, Zeilstr. 30.

Metropol-Verlag, Wien, VII., Neubaugasse 35.

Mettcker & Söhne, C. L., Wittmund, jetzt: Jever (Oldbg.), Wangerstr. 13.

Metten Nachf., Erwin, Wien, IX., Canisiusgasse 8-10.

Metz, W., Aachen, Borngasse 37.

Metz Verlag, Max S., Zürich, Limmatquai 36.

Metzlersche Verlagsbuchhandlung und Carl Ernst Poeschel Verlag G. m. b. H., J. B., Stuttgart O, Kernerstr. 43.

Metzner Verlag, Alfred, Frankfurt (Main), Hebelstr. 17; Berlin-Lichterfelde-Ost, Marienstr. 30a.

Meuer, Hans, Heidenheim (Brenz), Postf. 36.

Meulenhoff, J. M., Amsterdam, Beulingstraat 2-4.

Meyer, Joh. Heinr., Braunschweig, Jakobstr. 1.

Meyer, Paul, Bremen, Rembertistr. 28.

Meyer, Carl (Gustav Prior), Hannover, De Hean-Platz 6.

Meyer, J.-P., Luxemburg.

Meyer's Verlagsanstalt, Mannheim, Bassermannstr. 34.

Meyer's Söhne A. G., Kasimir, Wohlen (Kt. Aargau).

Meyersche Hofbuchhandlung (Sortiment) Ernst Schnelle, Detmold, Lange Str. 12.

Meyersche Hofbuchhandlung Verlag, Detmold, Moltkestr. 28.

Miba-Verlag S. Weinstötter, Nürnberg, Koberger Platz 8-9.

Michel, Nürnberg, s. **Kunstverlag Michel.**

Middelhauve G. m. b. H., Dr. Friedrich, Opladen, Ophovener Str. 1-3.

Mindener Kartei, jetzt: **Wirtschaftsarchiv M. Becker & Co. K. G.**, Minden (Westf.), Kampstr. 23.

Minerva-Verlag G. m. b. H., Saarbrücken 3 (Saarland), Am Kieselhumes.

Mirabell Verlag, Wien, Zell am See, s. **Neue Verlagsgesellschaft m. b. H. Mirabell.**

Missionsbuchhandlung Breklum Christian Jensen Verlag G. m. b. H., Breklum über Bredstedt (Schlesw.).

Missionsbuchhandlung St. Gabriel, Wien, XXIV., Mödling.

Missionsdruckerei und Verlag St. Josef, Reimlingen (Schwaben) über Nördlingen.

Missionshandlung, Hermannsburg (Hannov.), Harmsstr. 2.

Missionshaus St. Gabriel, Wien, s. **Missionsbuchhandlung St. Gabriel.**

Mittelbach Verlag K. G., Franz, Stuttgart O, Pfizerstr. 5-7.

Mitteldeutsche Druckerei und Verlagsanstalt, Halle, (erloschen), jetzt: **Mitteldeutscher Verlag**, Halle.

Mitteldeutsche Druckerei und Verlagsanstalt, Zweigstelle Magdeburg, jetzt: **Volksstimme Verlag und Druckerei**, VOB(Z), Magdeburg, Bahnhofstr. 17.

Mitteldeutscher Verlag, Halle, Lerchenfeldstr. 14.

Mittler & Sohn, E. S., G. m. b. H., Berlin-Charlottenburg 9, Eichenallee 11; Darmstadt, Schöfferstr. 15.

Modellbahn-Verlag W. Böttcher, Bergkamen (Westf.).

Modenverlag A. Burda, Offenburg (Bad.), Hauptstr. 13; Lahr (Bad.), Lotzbeckhof.

Modenverlag Le Grand Chic (Wiener Chic) Dr. Ella Köllmer, verh. Langhammer, Wien, II/27, Aspernbrückengasse 4-6.

Modersohn-Verlag, Gerda Zottmaier, Weidenau (Sieg), Wilhelmstr. 51.

Möbius, Gerhard, Evangelischer Verlag, Neumünster, Johannisstr. 1.

Moeck Verlag, Hermann, Celle, Hannoversche Str. 43a.

Möller, Wilhelm, Berlin-Hermsdorf, Bahnhofstr. 12.

Möller, Söhne, G. m. b. H., Heinrich, Rendsburg, Bahnhofstr. 12-16.

Möseler Verlag, Karl Heinrich, Wolfenbüttel, Großer Zimmerhof 20.

Moewig Verlag, Arthur, München 2, Türkenstr. 17.

Mohr (Paul Siebeck) J. C. B., Tübingen, Wilhelmstr. 18.

Mohr, Robert, Wien, I., Domgasse 4.

Molitor, Oskar (Lyra Verlag), Wien, I., Weihburggasse 18.

Moll, Rudolf K., Karlsruhe (Bad.), Ebertstr. 12.

Moll-Verlag, Stuttgart N, Erzbergerstr. 18.

Moll, Franz, Wien, IV., Gußhausstr. 2.

Monachia-Verlag, Ludwig Schelosky, München 22, Widenmayerstr. 50.

Moninger Verlag, Dr. K., Karlsruhe (Bad.), Haydnplatz 3.

„Monsieur" Verlag, Basel, Freie Str. 107.

Montana Verlag, G. m. b. H., Darmstadt, Alexanderstr. 35.

Mont Blanc Verlagsbuchhandlung G. m. b. H., Wien, V., Arbeitergasse 13/13.

Moosmann, Herbert, Verlag des Bregenzerwälder-Blatt, Andelsbuch 348, Bregenzerwald (Vorarlberg).

Mora, M., Salzburg, Residenzplatz 2.

Morgarten-Verlag, Zürich, s. **Conzett & Huber.**

Morsbach, Liebrecht, Adreßbuchverlag, Solingen-Höhscheid, Neuenhofer Str. 2.

Morus-Verlag des Bischöflichen Stuhls von Berlin, Berlin-Dahlem, Arnimallee 11.

Mosaik-Verlag G. m. b. H., Berlin-Schöneberg, Torgauer Str. 20, jetzt: Berlin-Wilmersdorf, Wiesbadener Str. 24.

Moser, Ulrich, Graz, s. **Verlag Ulrich Moser.**

Mosse-Annoncen A. G., Zürich 1, Limmatquai 94.

Motor-Presse-Verlag G. m. b. H., Stuttgart, Postf. 1042.

Motor-Verlags-Union, Stuttgart W., Paulinenstr. 44, jetzt: **Vereinigte Motor-Verlage G. m. b. H.**

Mühl, E., Bayreuth, Richard-Wagner-Str. 21.

Mühlau, Walter G., Kiel, Holtenauer Str. 116.

Mühlehner, Alfred, Wels (Oböster.), Ringstr. 4.

Mühlrad-Verlag, Zürich, Usteristr. 23.

Müller Verlag, Werner, Göppingen, Gartenstr. 31.

Müller Nachf., Reinhard, Hamburg 24, Mundsburger Damm 58.

Müller, Willy, Süddeutscher Musikverlag, Heidelberg, Hauptstr. 85-87.

Müller, C. F., Karlsruhe (Bad.), Lammstr. 2-4.

Müller, Gebr., Kassel, Schlachthofstr. 28-30.

Müller, R., Köln-Braunsfeld, s. **Verlagsgesellschaft R. Müller.**

Müller Verlag K. G., Hanns Georg, Krailling b. München, Hans-Sachs-Str. 19.

Müller, Paul, München, s. **Buchdruckerei und Verlag Paul Müller.**

Müller Verlag A. G., Albert, Rüschlikon b. Zürich, Bahnhofstr. 69.

Müller Verlag, Otto, Salzburg, Ernest-Thun-Str. 11.

Müller, Reinbold A., Stuttgart, s. **Verlag Reinhold A. Müller.**

Müller, Margarete, Wien, VII., Neubaugasse 1.

Müller, Emil, Wuppertal-Barmen, Carnaper Str. 43.

Müller & Kiepenheuer, Bergen II (Obb.); München 27, Trogerstr. 52.

Müller & Steinicke, München 15, Lindwurmstr. 21.

Müller, Werder & Co., Zürich, s. **Buchdruckerei Müller, Werder & Co.**

Münchener Dom-Verlag, München 2, Weinstr. 4.

Münchner Buchverlag Dr. Hans Hohenester & Co., München 5, Angertorstr. 2.

Münster-Verlag, Dr. Bernhard v. Limburger, Reutti üb. Neu-Ulm (Donau), jetzt: Stuttgart O, Gerokstaffel 3.

Munck, Franz Camillo, München, Altheimer Eck 11/1.

Mund, Ernst, Braunschweig, Kasernenstr. 4, Postf. 616.

„Mundus", Österreichische Verlagsgesellschaft, Wien, XIII., Friedenszeile 16.

Mundus-Verlag, Basel, Pelikanweg 7.

Mundus-Verlag Jupp Gerhards G. m. b. H., Stuttgart W, Johannesstr. 14.

Munksgaard, Ejnar, København K, Nörregade 6.

Munshausen & Cie., Ch., Luxemburg, 3, rue de Rollingergrund.

Mur-Verlag, Inh. R. M. Raffay, Graz, Franckstr. 24.

Murby and Co., Thos., London W. C. 1, 40 Museum Street.

Musenalmanach-Verlag, Eslarn (Obpfalz).

Mushakesche Verlagsanstalt Franzmathes Verlag, Trautheim über Darmstadt, Frankfurt (Main), Kronberger Str. 37; Horb (Neckar).

Musikhaus Walter Simon, Kassel, Hohenzollernstr. 91.

Musikverlag H. Banderer, München, Donnersberger Str. 42.

„Musikverlag Ernst Heck", Köln, Gereonshof 15.

Musikverlag Hochstein & Co. K. G., Heidelberg, Friedrich-Ebert-Anlage 28.

Musikverlag Johann Kliment, Wien, IX., Kolingasse 15.

Musikverlag zum Pelikan, Dr. E. Brandenberger, Zürich 4, Bellerivestr. 22.

Musikverlag Josef Preißler, München 2, Bräuhausstr. 8/I.

Musikverlag G. Ricordi, Lörrach (Bad.), Kirchstr. 17.

Musikverlag Hans Schneider, Tutzing üb. München, Hauptstr. 54.

Musikverlag Schwann, L., Düsseldorf, s. **Schwann-Verlag, L.**

Musikverlag Erwin Steinbacher, Karlsruhe, Klosestr. 23.

Musikwissenschaft Willi Ohmann, Berlin-Charlottenburg 2, Carmerstr. 7.

„Muster-Schmidt" K. G., Wissenschaftlicher Verlag, Göttingen, Brauweg 40, Postf. 121.

Muth'sche Verlagsbuchhandlung, Stuttgart S, Olgastr. 21.

Muusses, I., Purmerend (Holland).

Nagel, Wolf, Hanau, s. **Kuwe Werbebüro und Verlag Wolf Nagel.**

Nation Europa Verlag, Coburg, Bahnhofstr. 9.

„Natur und Technik", Wien, s. **Verlagsbuchhandlung „Natur und Technik".**

Natura-Verlag, Büdingen (Obhess.), Thiergarten.

Naturwissenschaftlicher Verlag vorm. Gebr. Bornträger, Berlin, s. **Borntraeger, Gebr.**

Nauck & Co., Albert, Detmold, Palaisstr. 46; München 2, Neuhauser Str. 16; Berlin-Charlottenburg 2, Gutenbergstr. 3.

Naumann, Johann Wilhelm, Augsburg, s. **Verlag Johann Wilhelm Naumann.**

Nebelspalter-Verlag Löpfe-Benz A. G., E., Rorschach (Kt. St. Gallen), Signalstr. 5-9 (erloschen).

Necessitas-Verlag, Wiesbaden, Kirchgasse 23.

Neckar-Verlag, Schwenningen (Neckar), Bärenstr. 16.

Neff Verlag, Paul, Wien, VI., Gumpendorfer Str. 5; Berlin-Lichterfelde-Ost, Herwarthstr. 3; Stuttgart N, Relenbergstr. 72.

Nero-Verlag, Wiesbaden, Mauritiusstr. 5.

Neske, Günther, Pfullingen, s. **Verlag Günther Neske.**

Nestor, Harry, Wien, VI., Kleine Neugasse 4.

Nest-Verlag G. m. b. H., Nürnberg, Karl-Bröger-Str. 9.

Netsch Verlag, Günter, Osnabrück, Martinistr. 10.

Neubau-Verlag, Adolf Gross, München 23, Wilhelmstr. 25; Berlin NW 21, Turmstr. 45.

Neuborn-Verlag, Kassel, Julienstr. 5.

Neue Berlin, Das, Verlagsgesellschaft m. b. H., Berlin N 4, Linienstr. 139-140.

Neue Darmstädter Verlagsanstalt G. m. b. H., Darmstadt, Holzhofallee 36.

Neue Geist Verlag, Der, Berlin-Schmargendorf, Heiligendammer Str. 16.

Neue Lese, Die, Berlin W 35, Genthiner Str. 30g.

Neue Münchner Verlags-G. m. b. H., München 15, Bayerstr. 57-59.

„Neue Romanwoche", Gmunden, s. **Verlag „Neue Romanwoche".**

Neue Verlagsanstalt, Baden-Baden (erloschen).

Neue Verlagsgesellschaft m. b. H., Stuttgart, jetzt: **Kleine Verlagsgesellschaft**, Stuttgart.

Neue Verlagsgesellschaft m. b. H. Mirabell, Salzburg, Morzgerstr. 16; Bad Reichenhall.

Neue Verpackung, Die, (Gebr. Weiss Verlag), Berlin SW 68, Kochstr. 45; München 13, Schellingstr. 39.

Neue Vertrieb, Der, Hamburg 1, Pumpen 17; Flensburg, Nikolaistr. 5.

Neue Welt, Wien, s. **ISB-Verlag Neue Welt.**

Neue Zeit, Die, Zielbrücke-Thielle, s. **Verlag Die Neue Zeit Eduard Fankhauser.**

Neue Zürcher Nachrichten Verlags-A. G., Zürich, Holbeinstr. 26.

Neuer Fachverlag, Frankfurt (Main), Freiherr-von-Stein-Str. 7, Postf. 1; Stuttgart S, Fangelsbachstr. 19.

Neuer Münchner Musikverlag, Franz Pollak, München-Aubing, Imkerweg 27a.

Neuer Verlag, Frankfurt, Stockholm, jetzt: **Frankfurter Verlagsanstalt G. m. b. H.**, Frankfurt (Main), Schaumainkai 53.

Neuer Verlag G. m. b. H., Köln, Breitestr. 70.

Neues Abendland Verlags G. m. b. H., München 22, Rauchstr. 20.

„Neues Österreich" Zeitungs- und Verlagsgesellschaft m. b. H., Wien, VII., Seidengasse 3-11.

Neues Verlagshaus für Volksliteratur, G.m.b.H., Bad Pyrmont, Humboldtstr. 2, Postf. 149.

Neuf, Josef, Wien, s. **Verlag Josef Neuf.**

Neufriedstein Formular-Verlag und evangelische Schriften Johannes Siebenhaar K. G., Markkleeberg 1, Wilhelm-Raabe-Str. 6.

Neuland-Verlag, Wiesbaden, Müllerstr. 9.

Neuland-Verlagsgesellschaft Biel u. Dr. Gläss, Hamburg-Bergedorf, Vierlandenstr. 20.

Neumann Verlag G. m. b. H., Radebeul 1, Dr.-Schminke-Allee 19.

Neumann-Neudamm G. m. b. H., J., Melsungen, s. **Verlag J. Neumann-Neudamm G. m. b. H.**

Neurath, H., München 25, Lindenschmitstr. 31.

Neuraum-Verlag, Hilgert b. Höhr-Grenzhausen.

Neureuter, Hellmut, Wolfratshausen b. München.

Neustadter Druckerei und Verlagsges. m. b. H., Neustadt (Haardt), Kellereistr. 12-16.

Ney-Eichler, H., Esch an der Alzette (Luxemburg).

Niederösterreichisches Heimatwerk, Wien, I., Herrengasse 23.

Niederrheinische Verlagsanstalt Erik Massing, Emmerich, Fährstr.

Niederwimmer, Brüder, Wien, s. **Buchdruckerei Niederwimmer Brüder.**

Niehans Verlag A. G., Max, Zürich 2, Zollikerstr. 144.

Niehans & Rokitansky, Zürich, s. **Niehans Verlag A. G., Max.**

Nielson, A., Hamburg 36, Neuer Wall 54-60.

VEB Niemeyer Verlag, Max, Halle, Brüderstr. 6, Postf. 88.

Niemeyer, C. W., Hameln (Weser), Osterstr. 19.

Niemeyer Verlag, Max, Tübingen, Wilhelmstr. 22.

Niessen Verlag, Walter, Baierbach (Obb.).

Nietlispach, J., Luzern, s. **Verlag J. Nietlispach.**

Niggli, Arthur, Bregenz, s. **Verlag Arthur Niggli und Willy Verkauf.**

Niggli, Arthur, Niederteufen, s. **Allgemeiner Verlag Arthur Niggli.**

Nijhoff, Martinus, 's Gravenhage, Lange Voorhout 9.

Nisple, H., Zürich, s. **Verlag H. Nisple.**

Nölke G. m. b. H., Hamburg 20, Hegestr. 40.

Noordhoff, P., Groningen, Boteringestraat 12.

Noord-Holland Uitgiverij M., Amsterdam, Voorburgwal 68-70.

Norberg, Erich, Worms (Rhein), Kammererstr. 50.

Norddeutsche Verlags-Gesellschaft, Lübeck, Königstr. 55-57.

Nordiska Bokhandeln, Stockholm, Drottninggatan 7-9.

Nordiska Bokhandelns Förlag, Stockholm, s. **Nordiska Bokhandeln.**

Nordiska Musikförlaget, Stockholm, s. **Wilhelmiana-Musikverlag**, Frankfurt (Main).

Nordverlag G. m. b. H., Hamburg 36, Holstenwall 3-5.

Nordwestdeutscher Fachverlag, Hamburg 1, Pressehaus.

Nordwestdeutscher Presse- und Buchvertrieb G. m. b. H., Hagen (Westf.), Körnerstr. 94, Postf. 405.

Nordwestdeutscher Werbe- und Wirtschaftsverlag, Hamburg 13, Jungfrauenthal 24.

Norstedt & Söner, Stockholm, Tryckerigat 2.

North-Holland Publishing Company, Amsterdam, s. **Noord-Holland Uitgiverij M.**

Nothaft, Josef, Deggendorf, Pfleggasse 17.

Nouvel Alsacien, Le, Strasbourg, 6, rue Finkmatt.

Novalis-Verlag, Freiburg (Br.), Salzstr. 20.

Novitas-Zeitungs- und Zeitschriften-Verlagsgesellschaft m.b.H., Wien, I., Kärntner Str. 17.

Novos-Verlag, Günther E. Conradi, Bensheim (Bergstr.).

Nymphenburger Verlagshandlung, München 19, Hubertusstr. 4.

Obelisk-Verlag Hans Bulla, Velden am Wörthersee (Kärnten); Wien, IX., Nußdorfer Str. 14.

Oberbadische Verlagsanstalt Merk & Co., Konstanz (Bodensee), Münsterplatz 7.

Oberland A. G., Interlaken (Kt. Bern).

Oberösterreichischer Landesverlag G. m. b. H., Ried i. Innkreis (Oböstert.).

Oberösterreichischer Landesverlag G. m. b. H., Wels (Oböstert.), Bahnhofstr. 16.

Oberösterreichischer Wirtschaftsverlag, Linz (Donau), Domgasse 12.

Occident Buch- und Kunstverlag, Waldkirch (Br.), Schützenhaus.

„Odysseus-Presse", Rolf Italiaander, Hamburg 20, Heilwigstr. 39.

Oeding, Hans, Braunschweig, Wilhelmstr. 1; Schöppenstedt, Markt 4.

Oehler, Dr. H. F., Hannover, Am Schiffgraben 29.

Oertel & Spörer, Reutlingen, s. **Verlagshaus Reutlingen Oertel & Spörer K. G.**

Oesch Verlag A. G., Emil, Thalwil (Kt. Zürich), Seestr. 2.

Österreichische Bergsteiger-Zeitung, Wien, VII., Richtergasse 4.

Österreichische Buchgemeinschaft G. m. b. H., Wien, I., Wollzeile 34.

Österreichische Freiwirtschaftliche Union, Linz (Donau), Schubertstr. 13.

Österreichische Lehrmittelanstalt, Wien, s. **Österreichischer Bundesverlag.**

Österreichische Musikzeitschrift, Wien, s. **Verlag Österreichische Musikzeitschrift.**

Österreichische Staatsdruckerei, Wien, s. **Verlag der Österreichischen Staatsdruckerei.**

Österreichische Verlagsanstalt G. m. b. H., Innsbruck, Museumstr. 37.

„Österreichische Volkswirt, Der", Verlags-Gesellschaft m. b. H., Wien, I., Wipplingerstr. 34.

Österreichischer Agrarverlag G. m. b. H., Wien, I., Bankgasse 3.

Österreichischer Apotheker-Verlag, Wien, VI., Laimgrubengasse 27.

Österreichischer Bundesverlag für Unterricht, Wissenschaft und Kunst, Wien, I., Schwarzenbergstr. 5.

Österreichischer Fachzeitschriftenverlag, Wien, I., Doblhoffgasse 5.

Österreichischer Gewerbeverlag G. m. b. H., Wien, I., Regierungsgasse 1.

„Österreichischer Jagd- und Fischereiverlag", Wien, V., Straußengasse 16.

Österreichischer Jugendverlag, Wien, VIII., Strozzigasse 2.

Österreichischer Verlag für Belletristik und Wissenschaft, Linz (Donau), Bürgerstr. 5.

„Österreichischer Verlag", Druck- und Verlagsgesellschaft m. b. H., Wien, VIII., Strozzigasse 2.

Österreichischer Volksverlag G. m. b. H., Graz (Steiermark), Radetzkystr. 7.

Österreichischer Wirtschaftsverlag G. m. b. H., Wien, I., Bankgasse 1.

Oetinger, Friedrich, Hamburg 1, Speersort, Pressehaus.

Officina Druck- und Verlags-G. m. b. H., Budapest, VI., Nagymezö- u. 26.

Ohlert Verlag, Paul H., Berlin W 15, Kurfürstendamm 171; Stuttgart S, Wernhaldenstr. 93.

Ohm, Karl, Berlin-Schöneberg, Ebersstr. 59.

Ohmann, Willi, Berlin, s. **Musikwissenschaft Willi Ohmann.**

Oldenbourg Verlag G. m. b. H., R., München 1, Lotzbeckstr. 2b, Postf.

Oldenburger Verlagshaus, Oldenburg, s. **Stalling A. G., Gerhard.**

Olymp-Verlag, Frankfurt (Main), Niederau 3.

Olympia-Verlag G. m. b. H., Nürnberg, Badstr. 4-6.

Oncken Nachf. G. m. b. H., J. G., Kassel, Langenbeckstr. 28; Stuttgart O, Blumenstr. 36.

Oprecht, Dr., A. G., Zürich 1, Rämistr. 5.

Orac, Dr. Anton, Wirtschaftsverlag, Wien, I., Graben 17.

Orbis, Prag, Ve Smečkach 30.

Orchideen-Verlag, Hans Peter Rus, Linz-Urfahr (Donau), Freistädter Str. 135.

Orell Füßli Verlag, Zürich, Nüscheler Str. 22.

„Orient Mercur", Köln-Deutz, s. **Verlag „Orient Mercur".**

Origo Verlag, Zürich, Hottingerstr. 18.

Ornithologische Versandbuchhandlung H. Limberg, Bad Aachen, Harscampstr. 62.

Orso-Verlag, Oldenburg (Oldenb.), Schüttingstr. 7 II.

Osiris-Verlag Erich Sopp, Sersheim (üb. Vaihingen, Enz).

Ostermann, Clara, Wuppertal-Elberfeld, Friedrich-Ebert-Str. 46; Neviges, Elberfelder Str. 5-7.

Osterra Verlag, Saßmannshausen (Westf.).

Osterwald, H., Hannover, Stiftstr. 2.

Ott-Verlag, Thun (Kt. Bern), Länggasse 57.

Ott, Charles, Wasselonne, s. **Imprimerie Charles Ott.**

Otto & Sohn, Th., Bremen-Vegesack, Breite Str. 21-22, Postf. 22.

Overbeck-Verlag, O. u. H. Munske o. H. G., Wilhelmshaven, Kaakstr. 22.

Owen, Peter, Ltd., London S. W. 7, 50 Old Brompton Road.

Pabel Druck- und Verlagshaus, Erich, Rastatt (Bad.), Militärstr. 4.

Pädagogischer Verlag Berthold Schulz, Berlin W 30, Kurfürstenstr. 132; Hannover, Torstr. 18; Frankfurt (Main), Fontanestr. 15.

Pädagogischer Verlag Schwann, L., Düsseldorf, s. **Schwann-Verlag, L.**

Paetz, Alfred, Berlin NW 87, Elberfelder Str. 3.

Palatina Verlag, Kaiserslautern, Schillerstr. 7.

Palladium Verlag G. m. b. H., Heidelberg, Blumenthalstr. 38.

Pallas Verlag, Salzburg, Sigmund-Haffner-Gasse 18.

„Pallas"-Zeitungs- und Zeitschriften-Verlags- und Vertriebsgesellschaft, Wien, III., Sechskrügelgasse 2.

Pallottiner-Verlag, Goßau (Kt. St. Gallen).

Pallotti-Verlag, Friedberg b. Augsburg, Pallottiheim.

Palm & Enke, Erlangen, Universitätsstr. 2.

Pansegrau Verlag, Wilhelm, in der Westlichen Berliner Verlagsgesellschaft Heenemann K.G., Berlin-Wilmersdorf, Uhlandstr. 102.

Pan-Verlag, Berlin-Wittenau, Lindenweg 10a.

Pan-Verlag, Zürich, Alfred-Escher-Str. 23.

Pan-Verlag Rudolf Birnbach, Bad Wurzach (Württ.), Biberacher Str. 205, Postf. 22.

Panzer, Bruno, Nürnberg, Leopoldstr. 5.

Paracelsus-Verlag G. m. b. H., Stuttgart S, Mörikestr. 17.

Parey, Paul, Berlin SW 68, Lindenstr. 44-47; Hamburg 1, Spitalerstr. 12.

Parnaß Verlag Scherz und Goverts, Stuttgart-Feuerbach, Heidestr. 48.

Parus-Verlag Max Bruhn, Reinbek b. Hamburg.

Parzeller & Co. vorm. Fuldaer Actiendruckerei, Fulda, Peterstor 18-20.

Patmos-Verlag G. m. b. H., Düsseldorf, Charlottenstr. 80-86.

Pattloch, Paul, K. G., Aschaffenburg, Herstallstr. 39.

Pauli & Co. K. G., Bad Frankenhausen (Kyffh.).

Paulinus-Verlag G. m. b. H., Trier, Fleischstr. 64-65.

Paulmann Verlag, Otto, Goslar, Postf. 9.

Paulusdruckerei, Freiburg (Schweiz), s. **Paulusverlag,** Freiburg (Schweiz).

Paulusverlag, Freiburg (Schweiz), 40, boulevard Pérolles.

Paulus Verlag, K. Bitter K. G., Recklinghausen, Löhrhofstr. 10.

Paustian & Co. Verlag, Hamburg 1, Chilehaus A II.

Pazifistische Bücherstube, Zürich 4, Gartenhofstr. 7.

Pechan, Adalbert, Wien, s. **Verlag Adalbert Pechan.**

„Pegasus-Verlag", Salzburg, s. **Verlag H. A. Kraus K. G.**

Pegasus Verlag und Vertrieb für gute Literatur, Wetzlar, Krämerstr. 19.

Pelzer, Kurt H., Düsseldorf, s. **Verlag Kurt H. Pelzer.**

Pennrich Nachf., A. J., Bingen a. Rh., Pfarrhofstr. 3.

„Pentaprint" Zeitungsverlag und Druckgesellschaft, Wien, I., Gonzagagasse 17.

Perlen-Verlag, Marbach (Neckar), Postf.

Perthes, Justus, Darmstadt, Heidelberger Str. 57a.

Perthes, Justus, Gotha, Justus-Perthes-Str. 3-9, jetzt: VEB **Geographisch-Kartographische Anstalt,** Gotha.

Pestalozzi-Verlag, München 38, Südliche Auffahrtsallee 76.

Peter, J. P., Gebr. Holstein, Rothenburg ob der Tauber, Herrngasse 1.

Petermänken-Verlag G. m. b. H., Schwerin, Postf. 283.

Peter-Paul-Verlag, Feldberg (Meckl.).

Peters, F. W., Berlin W 15, Kurfürstendamm 54 II.

Peters, C. F., Leipzig C 1, Talstr. 10.

Petri & Co., A. G., Solothurn, Hauptgasse 50.

Pfad - Rüstkammer, Helmerotherhöhe (Westerwald).

Pfad-Verlag, Salzburg, s. **Unser Pfad-Verlag.**

Pfahl-Verlag, Laupheim (Württ.).

Pfalzgraf & Heinrich, Hamburg, s. **Verlag der Buchhändlerischen Kreditliste Pfalzgraf & Heinrich.**

Dr. Pfanneberg & Co., Gießen, s. **Fachbuchverlag Dr. Pfanneberg & Co.**

Pfau, Rudolph, Berlin NW 7, Luisenstr. 21a.

Pfeffer Verlag, Carl, und Heidelberger Gutenberg-Druckerei G. m. b. H., Heidelberg, Brunnengasse 18-24.

Pfeiffer, Phil., Kaiserslautern, Glockenstr. 85a.

Pfeiffer, J., München 2, Herzogspitalstr. 5-6 u. Kaufingerstr. 23.

Pfeil-Verlag, Schwabach, Königsplatz 14, Postf. 70.

Pfenningstorff, Fritz, Berlin, s. **Verlag Fritz Pfenningstorff.**

Pflaum-Verlag, Richard, München 2, Lazarettstr. 2-6.

Pflug, Der, Wien, s. **Österreichischer Fachzeitschriftenverlag.**

Pflug-Verlag, F. Vetter, Thal (Kt. St. Gallen).

Pforzheimer Adreßbuch, G. m. b. H., Pforzheim, Friedensstr. 111.

Pfriem, Engelbert, G. m. b. H., Wuppertal, Küllenhahn, Postf.

Phaidon Press, London S. W. 7, Cromwell Place 1.

Phaidon Verlags-G. m. b. H., München; jetzt: Köln, Hansaring 43.

Philadelphia-Verlag Christian Röckle, Leonberg (Württ.), Silberbergstr. 5.

Philips' Gloeilampenfabrieken, Technische und Wissenschaftliche Literatur-Abteilung, Eindhoven (Holland).

Philips Valvo Werke, Hamburg, s. **Deutsche Philips G. m. b. H.**

Philler, Albrecht, Minden (Westf.), Engelbertstr. 12.

Philosophical Library, New York, 16, N. Y., 15 East-40th Street.

Philosophisch-Anthroposophischer Verlag am Goetheanum, Dornach (Kt. Solothurn).

Phönix-Buchhandlung G. m. b. H., Bielefeld, Arndtstr. 6.

Phönix-Verlag, Wien, s. **Wiener Phönix Verlag.**

Photographia, Gesellschaft für Phototechnik u. Verlag, Wetzlar, Hausertorstr. 41.

Phywe Aktiengesellschaft, Göttingen, Salinenweg 2, Postf. 102.

Picard Verlag, E., Frankfurt (Main), Große Friedberger Str. 33-35.

Pick-Verlag, Wilhelm Pick, Hagen (Westf.).

Pick Verlag, Balduin, Köln-Weidenpesch, Neußer Str. 624.

Pilger-Druckerei G. m. b. H., Speyer, Kleine Pfaffengasse 18.

Pilgram Verlag, Dr. Gerlich & Co., K. G., Salzburg, Franz-Josef-Str. 19.

Pinguin-Verlag, St. Johann (Tirol).

Pinguin-Verlag Werner Neumann-Bensel, Berlin-Charlottenburg 4, Sybelstr. 41.

Pionierwerkverlag, Freiburg (Schweiz), Franziskanerkloster.

„Pionier"-Zeitungs-Verlagsgesellschaft, Wien, IX., Pramergasse 28.

Piorkowsky, Dr., Lindau, s. **Verlag „Kleine Kinder" Dr. Piorkowsky o. H. G.**

Piper & Co., R., München 13, Georgenstr. 14.

Pirker-Verlag, Franz, Graz, Wielandgasse 18.

Pirngruber, R., Linz (Donau), Landstr. 34.

Piscator-Verlag G. m. b. H., Stuttgart S, Eberhardtstr. 10 III.

Pitrovsky, Rudolf, Linz (Donau), Jungwirthstr. 8.

Pizzi, Amilcare, Milano (Italien), via Panizza 7.

Planet-Verlag G. m. b. H., Braunschweig, Aegidienmarkt 14.

Planwirtschaftliches Buchverlagsunternehmen, Budapest, Teleki Pál-utca 8.

Plesse-Verlag K. W. Schütz & Co., Göttingen, Felix-Klein-Str. 4.

Plötner & Co., Stuttgart S, Strohberg 38; Neustadt (Weinstr.), Hauptstr. 127.

Ploetz A. G., Verlagsbuchhandlung für Aufbau und Wissen, Bielefeld, Markgrafenstr. 1.

Ployer, Wien, s. **Zeitschriftenverlag Ployer.**

Pochon-Jent A. G., Fritz, Bern, Effingerstr. 1-3.

Poeschel Verlag, C. E., Stuttgart S, Eberhardtstr. 61.

Poetzelberger, S., Meran, s. **Verlag S. Poetzelberger.**

Pohl & Co., G. m. b. H., Eduard, München 13, Tengstr. 20.

Poll-Verlag, Berlin W 35, Bükowstr. 24.

Polydruck Condor-Verlag, Berlin-Schöneberg, Hauptstr. 7-8.

Polyglott-Verlag, Georgis, Bonn (Rhein), Endenicher Str. 24.

Polygraph Verlag, Frankfurt (Main), Mainzer Gasse 37.

Polygraphischer Verlag A. G., Zürich, Limmatquai 4.

Pontes-Verlag G. m. b. H., Berlin-Friedenau, Handjerystr. 42; Stuttgart-Weil, Zuffenhauser Str. 54.

Popp-Verlag, Heidelberg, Gaisbergstr. 32.

Poppe & Neumann, Hoteladreßbuchverlag, Konstanz, Eichhornstr. 25 (früher Dresden).

Port Verlag G. m. b. H., Dr. Kurt, Urach (Württ.), Pfählerstr. 7, Postf. 48; Stuttgart O, Diemershaldenstr. 11.

Post, Felix, Gelsenkirchen-Buer, s. **Verlagsanstalt Felix Post G. m. b. H.**

Postberg, Wilhelm, Bottrop, Kirchhellener Str. 9.

Post- und Ortsbuchverlag, Wuppertal-Nächstebreck, Postf. 14.

Potsdamer Verlagsgesellschaft m. b. H., Produktionsgruppe Akademische Verlagsgesellschaft Athenaion, Potsdam, Seestr. 43, (in Liquidation).

Potsdamer Verlagsgesellschaft m. b. H., Produktionsgruppe Rütten & Loening, Potsdam (in Liquidation), s. **Rütten & Loening,** Berlin.

Prachner, Georg, Wien, I., Kärntner Str. 30.

Preißler, Josef, München, s. **Musikverlag Josef Preißler.**

Presse-Buch, Hamburg 13, Rothenbaumchaussee 185.

Pressestelle des Börsenvereins Deutscher Verleger- u. Buchhändler-Verbände, Frankfurt (Main), Schaumainkai 101.

Presse-Vertriebsgesellschaft, Frankfurt (Main), Mainzer Landstr. 225-227.

Preßverein, St. Pölten (Niederösterr.), Linzer Str. 7.

Prestel-Verlag Dr. Paul Capellmann, München 2, Jungfernturmstr. 2.

Presto-Tabellen-Verlag W. Stumme, Mannheim, Schimperstr. 11.

Privileg. Württ. Bibelanstalt, Stuttgart S, Hauptstätterstr. 51 B.

Problem-Verlag, Luzern, Sempacher Str. 6.

Prögel, Michael, Ansbach (Mittelfr.), Jahnstr. 16 II.

Pröpster, Albert, Kempten, s. **Verlag Albert Pröpster.**

Progreß-Verlag Johann Fladung, Düsseldorf-Stockum, Schüßlerstr. 9.

„Progreß"-Verlag, Dr. Micolini, Graz (Steiermark), Glacisstr. 55-57.

Pro infirmis, Zürich, Kantonschulstr. 1.

Pro musica Verlag C. Clauss u. E. Pastänier, Leipzig C 1, Karl-Liebknecht-Str. 12.

Pro Radio Verlag, Biel (Kt. Bern), Unterer Quai 33.

Propyläen-Verlag, Berlin, in: **Ullstein-Aktiengesellschaft,** Berlin.

Prospera-Verlag A. Bruggmann, Chur (Kt. Graubünden; erloschen).

Prost, A., Coburg, s. **Verlag Arthur Prost.**

Provita-Verlag, Cademario (Kt. Tessin).

Pustet, Anton, Graz (Steiermark), Schönaugasse 64; Salzburg, Sigmund-Haffner-Gasse 18; Wien, I., Lobkowitzplatz 1.

Pustet, Friedrich, Regensburg, Gesandtenstr. 6-8.

Putty-Verlag, Hans, Wuppertal-Elberfeld, Genügsamkeitsstr. 9-11.

Quatember-Verlag, Linz (Donau), Wurmstr. 11.

Quelle & Meyer G. m. b. H., Heidelberg, Zeppelinstr. 200 u. Bergheimer Str. 68.

Quell-Verlag und Buchhandlung d. Evang. Gesellschaft Stuttgart G. m. b. H., Stuttgart O, Urbanstr. 25.

Querschnitt-Verlag, Graz (Steiermark), Glacisstr. 47.

Quickborn-Verlag, Hamburg 36, Alsterglacis 12.

Rabe & Frese, Hamburg 19, Ecke Weidenstieg 5a u. Eppendorfer Weg 56.

Rabenstein-Verlag, Salzburg, s. **Verlag Rabenstein.**

Radio-Verlag Ing. Herbert Zimmermann, Hamburg 13, Schlüterstr. 44.

Räber & Cie., Luzern, Frankenstr. 9.

Raffay, R. M., Graz, s. **Mur-Verlag.**

Rahtgens, H. G., Lübeck, Mengstr. 12-14.

Raiffeisendruckerei G. m. b. H., Neuwied, Heddesdorfer Str. 33-35.

R. A. P. O.-Wervereis G. m. b. H., Baden-Baden, Seelach 5.

Rascher & Cie., A. G., Zürich, Limmatquai 50.

Rathausbuchhandlung Lindau G. m. b. H., Lindau (Bodensee), Hauptstr. 24.

Rathmann, Hermann, Marburg (Lahn), Capeller Str. 34, Postf. 150.

Ratio-Verlag, Treu Grossmann, München 9, Achleitnerstr.

Ratzenhofer, Ing. Emil, Wien, s. **Verlag Ing. Emil Ratzenhofer.**

Rau Verlag, Walter, Dietmannsried (Bayer. Allgäu).

Rauch, Boppard; Bad Salzig; s. **Rauch Verlag G. m. b. H. Karl,** Düsseldorf.

Rauch Verlag G. m. b. H., Karl, Düsseldorf, Grafenberger Allee 98; Bad Salzig (Rhein).

Rauch, Felizian, Innsbruck, Innrain 6-8.

Raumbild-Verlag Otto Schönstein, Oberaudorf (Inn).

Raupach Verlag, Dr. Bruno, Bingen (Rhein), Schloßstr. 2;
s. a. **Rhein-Nahe-Verlag Dr. Bruno Raupach,** Bingen.

Rautenberg & Möckel, Leer (Ostfriesl.), Norderstr. 29-31.

Ravensteins Geographische Verlagsanstalt und Druckerei, Frankfurt (Main), Wielandstr. 31-35.

Rebland-Verlag, Karl Friedrich Vogel, Oetlingen (Bad.), Ortsstr. 93.

Rechtshilfe-Verlags-Gesellschaft, Zürich 32, Freie Str. 165.

Rechtsverlag G. m. b. H., Düsseldorf, Königsallee 64.

Rechts- und Staatswissenschaftlicher Verlag G. m. b. H., Hamburg (erloschen).

Rechts- und Wirtschaftsverlag H. Gruber & Co. o. H. G., München 22, Kaulbachstr. 31.

Reckinger & Co., Siegburg, s. **Vordruckverlag Reckinger & Co.**

Reclam jun., Philipp, Leipzig C 1, Inselstr. 22-24.

Reclam-Verlag G. m. b. H., Stuttgart N, Mönchstr. 31 (Reclamhaus).

Recueil Sirey, Paris (5e), 22, rue Soufflot.

Regelien's Verlag, Berlin-Grunewald, Hubertusbader Str. 16.

Regenberg, W., Rom 27, Via Bartolomeo Eustachio 22.

Regenbogenverlag, Wien, VI., Theobaldgasse 19.

Regensbergsche Verlagsbuchhandlung, Münster (Westf.), Alter Fischmarkt 1.

Régie autonome des publications officielles, Baden-Baden; jetzt: **R.A.P.O.-Wervereis G. m. b. H.**

Reich, H., Hamburg-Volksdorf, Saseler Weg 35.

Reich Verlag, Hanns, München 13, Ainmüllerstr. 25.

Reichl, Otto, Verlag Der Leuchter, Darmstadt; Seeheim a. d. Bergstr., Postf.

Reichmann, Alois, Wien, IV., Wiedner Hauptstr. 18.

Reichmann, Alois, Wien, XIV., Köppelweg 9.

Reiff & Cie., A., Offenburg (Bad.).

Reimer, Dietrich, (Andrews & Steiner), Berlin-Lichterfelde, Marienplatz 8.

Reindl-Verlag G. m. b. H., München-Geiselgasteig, Forstweg 7.

Reinhardt, Heinrich, Frankfurt (Main), Taunusstr. 19.

Reinhardt Verlag, Ernst, Inh.: Hermann Jungck, München 13, Isabellastr. 11; Basel, Sommergasse 46.

Reinoldus-Verlag Robert Arnold, Dortmund, Karlstr. 5.

Reise-Verlag, Heinz, Göttingen, Königsallee 87.

Reise- und Verkehrsverlag (Das Landkartenhaus), Inh. Paul Steinmetz, Stuttgart W, Schloßstr. 61 u. Lindenspürstr. 20a.

Reisinger, Franz, Wels, s. **Verlagsbuchhandlung Franz Reisinger.**

Reith Verlag, Kurt, Wüstenrot (Württ.).

Reitter, Dr. E., München 15, Waltherstr. 97.

Reitze, Adam, Worpswede.

Reitzels Forlag, C. A., København, Nörregade 20.

Rennebohm & Hausknecht G. m. b. H., Bielefeld, Gütersloher Str. 66.

Rentsch Verlag A. G., Eugen, Erlenbach-Zürich.

Res Gentium Verlag, Lörrach 2; Köln, Bachemhaus.

Reutern, Gerhard von, K. G., Bonn, s. **Athenäum-Verlag, Gerhard von Reutern K. G.**

Rex-Verlag, Luzern, St. Karliquai 12.

Reyam Zeitungs- und Zeitschriftenverlag, Wien, I., Rabensteig 3.

„Rhein" Verlagsgesellschaft m. b. H., Duisburg, Haus Rhein, Düsseldorfer Str. 49, Postf. 142.

Rheinisch-Westfälischer Bäckerverlag, Bochum, Kortumstr. 110.

Rheinisch-Westfälischer Wirtschaftsverlag Dr. Otto & Co., Köln-Bayenthal, Goethestr. 67.

Rheinisch-Westfälisches Verlagskontor G. m. b. H., Essen, Sachsenstr. 36.

Rheinland-Verlag, Viersen, Postf. 169.

Rhein-Nahe-Verlag Dr. Bruno Raupach (Illustrierter Wirtschaftsspiegel), Bingen (Rhein), Schloßstr. 2.

Rhein-Verlag, Duisburg, Düsseldorfer Str. 49, Haus Rhein, Postf. 142;
s. a. **„Rhein" Verlagsgesellschaft m. b. H.**, Duisburg.

Rhein-Verlag A. G., Zürich, Bahnhofstr. 5.

Rhenania-Druck- und Verlags-G. m. b. H., Koblenz, Firmungsstr. 30-32.

Rhenus-Verlagsgesellschaft m. b. H., Düsseldorf, Goltsteinstr. 11.

Richter, Emil, Hamburg 36, Große Theaterstr. 9.

Richter & Springer (Hubertusverlag), Wien, XV., Hütteldorfer Str. 26.

Richters Verlagsanstalt, Gebr., Erfurt, Johannesstr. 160-163 (erloschen).

Ricordi, G., Lörrach, s. **Musikverlag G. Ricordi.**

Riederer, M., München 12, Willibaldstr. 8b;
s. a. **Verlag Bürgerkunde, M. Riederer**, München.

Dr. Riederer Verlag G. m. b. H., Stuttgart S, Marienstr. 50.

Riegersche Universitäts-Buchhandlung, M., Herbert Schlemo, München 22, Liebigstr. 21.

Riegler, Dr. Hans, Stuttgart O, Schwarenbergstr. 42.

Rieke Nachf. Th. Rieping, A., Rheine (Westf.), Emsstr. 17.

Riemann'sche Hofbuchhandlung, E., Coburg, Markt 9.

Ries & Erler, Musikverlag, Berlin - Grunewald, Charlottenbrunner Str. 42.

Riggenbach, Gebr., Basel, Batterieweg 125.

Rima-Verlag, Tübingen-Lustnau, Postf. 9.

Ringier & Co. A. G., Zofingen (Kt. Aargau).

Ringwelt-Verlag, Frankfurt (Main)-Griesheim, Fabriciusstr. 11.

Rinn, Hermann, München, s. **Verlag Hermann Rinn G. m. b. H.**

Rita-Verlag, Berlin W 15, Emser Str. 19-20.

Ritsch Verlag, Inh.: Dr. Ritsch & Köb, Bludenz (Vorarlberg), Ferd.-Gassner-Str. 8/I.

RNK Vordrucke, Papiere, Schreibwaren, Berlin SW 61, Mehringdamm 33.

Röhrig-Verlag o. H. G., Carl, Köln-Riehl, Riehler Gürtel 66; Darmstadt, Stephanstr. 6; Stade (Elbe), Poststr. 11-13, Postf. 87.

Röhrscheid, Ludwig, Bonn, Am Hof 36 u. Bonner Talweg 46.

Römerhof-Verlag, Zürich, Bodmerstr. 3.

Röper, Alfred, Hamburg, s. **Verlag Alfred Röper, o. H. G.**

Rösener, Inge, München, Kurwenalstr. 3.

Rösler, Hans, Augsburg, Haunstetterstr. 10a.

Röth Verlag, Erich, Eisenach, Rennbahn 4.

Roether, Eduard, Darmstadt, Liebigstr. 24.

Röttger Verlag, Mary Röttger, Bad Harzburg, Am Stadtpark 4, Postf. 101.

Rohlfs, Dr. Dora, München, Renatastr. 55.

Rohm-Verlag K. G., Karl, Abt. Renatus-Verlag, Lorch (Württ.).

Rohr, Charles, Éditions horlogères, Biel (Kt. Bern), Bahnhofstr. 49.

Rohr, Hans, Zürich, Oberdorfstr. 19.

Rohrer Verlag, Margarete Friedrich, Innsbruck, Pradlerstr. 51.

Rohrer Verlag, Rudolf M., Wien, I., Kohlmarkt 7.

Rohrer Verlag Wiesbaden, Inh. Elisabeth Rohrer, Wiesbaden, Spiegelgasse 9, Postf. 646.

Roman Verlag Heinrich Yersin & Co., Lichtenfels (Obfr.).

Rombach & Co. G. m. b. H., Freiburg (Br.), Johanniterstr. 4 u. Rosastr. 9.

Ropp, Christoph von der, Hamburg, s. **Verlag Christoph von der Ropp.**

Rosegger-Verlag, Graz (Steiermark).

Ross-Verlag o. H. G., Köln, Spichernstr. 12.

Rossen, F. van, Uitgeversen Drukkers Mij., Amsterdam, Laurierstraat 246.

Rotapfel-Verlag A.G., Zürich, Obstgartenstr. 28.

Rother, Rudolf, München, s. **Bergverlag Rudolf Rother.**

Rothschild, Fritz, Berlin-Charlottenburg 4, Giesebrechtstr. 10.

Roto-Gesellschaft, Verlag des Rätsel-Roto, Wien, I., Tuchlauben 12.

Roto-Sadag, S. A., Genf, Avenue de Sécheron 2—4.

Roux, Le, F.-X., Strasbourg 34, rue des Hallebardes; Paris (15e), 174, rue de Vaugirard.

Rowohlt Verlag G.m.b.H., Hamburg 1, Reesendamm 3.

Rozsavölgyi & Co., Budapest, IV., Szervita-tér 5.

Rudl, Friedrich, Verleger-Union, Frankfurt (Main), Sophienstr. 20.

Rüegg und Co., E., Zürich, s. **Buchdruckerei E. Rüegg und Co.**

Rüger, Alex, Wuppertal-Elberfeld, Belleallliance-Str. 12—14.

Rütten & Loening, Berlin W 8, Taubenstr. 1—2, (im Verlag Volk und Welt, Berlin).

Rütten & Loening Verlag G.m.b.H., Darmstadt, Schöfferstr. 15.

Ruf-Buchhaltung, G.m.b.H., Verlagsabteilung, Wien, I., Stock-im-Eisen-Platz 3—4.

Rufer-Verlag, „Der Rufer" Evangelischer Verlag Hermann Werner Nachf., Gütersloh, Eickhoffstr. 14.

Rugé fréres, Imprimerie, Mulhouse (Haut-Rhin), 25, rue de la Fidélité.

Ruh, Emil, Musikverlag, Adliswil bei Zürich.

Ruhfus, Fr. W., Dortmund, Königshof 21-37.

Ruhm-Verlag „Wiener Küche", Wien, XIV., Purkersdorf, Schöffelgasse 6.

Ruhrländische Verlagsgesellschaft m.b.H., Essen, Lazarettstr. 15.

Ruhr-Verlag G.m.b.H., Gelsenkirchen, Schalker Markt 5a.

Rundschau-Verlag, Lübeck, s. **Verlag Polizei-Rundschau.**

Rundschau-Verlag, Zürich 26, Postf.

Runge-Verlag, Edwin, Bad Godesberg, Karl-Finkelnburg-Str. 27.

Rupert Verlag, Leipzig S 36, Fritz-Austel-Str. 142.

Rupertuswerk St. Peter, Salzburg, s. **Verlag Rupertuswerk, Erzabtei St. Peter.**

Ruß, E., Bregenz (Vorarlberg).

Rutha-Verlag, München - Feldmoching, Georg-Winkler-Str. 5.

Ryker, Karl, Wien, I., Kärntner Str. 51.

Saardruckerei A. G., Saarbrücken 5, Parallelstr. 38.

Sachsenhauser, Otto, München, s. **Verlag Otto Sachsenhauser.**

Sachsenverlag Druckerei- und Verlagsgesellschaft m.b.H., Dresden N 23, Riesaer Str. 32.

Sachsperger, Oskar, Linz (Donau), Klosterstr. 6.

Säemann-Verlag, Wien, I., Stallburggasse 4.

Dr. Sändig Verlag, K. G., Wiesbaden, Helenenstr. 5.

Säntis-Verlag, Zürich.

Safari-Verlag Carl Boldt und Reinhard Jaspert o. H. G., Berlin - Wilmersdorf, Rüdesheimer Platz 3.

Saffran-Verlag, J., Frankfurt (Main), Windeckstr. 17.

Sailer, Ferdinand, Wien, IX., Porzellangasse 43.

Salchli, Eduard, Bern, Kramgasse 60.

Salesy, Josef, Wien, V., Schloßgasse 23.

Salle Verlag, Otto, Hamburg 13, Grindelberg 79; Pinneberg, Damm 9; Frankfurt (Main), Raimundstr. 109.

Salvator-Verlag, Zug (Schweiz).

Salvator - Verlag Max Tannerbauer, Steinfeld über Kall (Eifel).

Salzburger Druckerei und Verlag, Salzburg, Bergstr. 12.

Salzburger-Jugend-Verlag, Salzburg, Sigmund-Häffner-Gasse 12.

Salzburger Verlag für Wirtschaft und Kultur, Salzburg, Bergstr. 12.

Salzer Verlagsbuchhandlung, Eugen, Heilbronn (Neckar), Weinsberger Str. 109.

Salzmann-Schildknecht, A., Bischofszell (Kt. Thurgau).

San Damiano-Verlag, Freiburg (Schweiz), Petit Rome 9.

St. Adalbero-Verlag der Benediktinerabtei Lambach, Neukirchen b. Lambach (Oböster.).

St. Antonius-Verlag, Solothurn (Schweiz), Gärtnerstr. 209.

St. Benno-Verlag G.m.b.H., Leipzig W 33, Saalfelder Str. 1.

St. Gabriel-Verlag, Wien, s. **Missionsbuchhandlung St. Gabriel.**

Sankt Georg Kunstverlag, Düsseldorf, Sittarder Str. 4.

St.-Johannis-Druckerei C. Schweickhardt, Lahr-Dinglingen, Heiligenstr. 12.

St. Josefs-Verlag, Reimlingen, s. **Missionsdruckerei und Verlag St. Josef.**

St. Martinsverlag, Eisenstadt (Burgenland), Postf. 96.

St. Otto-Verlag, Bamberg, Langestr. 22.

St. Paulus-Druckerei und Verlag, A. G., Luxemburg, 6—8, Siegfried-Str.

Sansoni, Florenz, s. **Casa Editrice Sansoni.**

Santz, P. A., Altena (Westf.), Kirchstr. 26.

Sarganserländische Buchdruckerei A. G., Mels (Kt. St. Gallen).

Saturn-Atelier-Verlag, München 15, Lindwurmstr. 149.

Saucke & Co., Kurt, Hamburg 1, Paulstr. 6.

Sauer - Morhard, Lothar, Würzburg, Mergentheimer Str. 36; Hamburg, Rothenbaumchaussee 45.

Sauerländer & Co., H. R., Aarau (Kt. Aargau), Laurenzenvorstadt 89.

Sauerländer's Verlag, J. D., Frankfurt (Main), Finkenhofstr. 21.

Sauerland-Verlag e. G. m. b. H., Iserlohn (Sauerland), Julius-Schult-Str. 2.

Schaack, Heinz C., Bonn, Bachstr. 19.

Schaaf, Hubert, Hamburg 1, Klosterstr. 36.

Schachenmayer, T. A., Bad Kissingen, Theresienstr. 16—17.

Schadinsky Verkehrs- und Reklameverlag, Conrad, Celle, Westcellertorstr. 10.

Schädler, Wilhelm, Rendsburg, s. **Sehrohr-Verlag Wilhelm Schädler.**

Schaeffers Musikverlag G. m. b. H., Peter, Berlin-Halensee, Kurfürstendamm 106.

Schaeffers Musikverlag, Hamburg, s. **Schaeffers Musikverlag G.m. b. H., Peter**, Berlin-Halensee.

Schaeffer Verlag, Strasbourg, 11, Allée de la Robertsau.

Schäffer & Co., Stuttgart, s. **Fachverlag für Wirtschafts- und Steuerrecht, Schäffer & Co.**

Schaer, A., Thun, s. **Druck- und Verlagsanstalt A. Schaer.**

Schaffer-Verlag, Otto, Hannover, Karl-Kraut-Str. 6; Berlin-Wilmersdorf, Berliner Str. 157.

Schaffmann & Kluge, jetzt: **Schaffmann, Kurt, Landkartenverlag**, Berlin C 2, Neue Grünstr. 117.

Schaffrath Verlag, Josef, Köln-Braunsfeld, Aachener Str. 399.

Schaffstein Verlag, Hermann, Köln-Marienburg, Robert-Heuser-Str. 12.

Schahl, Karl, Lörrach, s. **Verlag und Druckerei Karl Schahl.**

Schaper, M. & H., Hannover-Waldhausen, Grazer Str. 20.

Schapira, Felix, Wien, s. **Verlag Felix Schapira.**

Schattauer, Friedrich-Karl, Stuttgart, s. **Verlag Friedrich-Karl Schattauer.**

Schauenburg K. G., Moritz, Lahr (Schwarzw.), Schillerstr. 13.

Schauer, Georg Kurt, Frankfurt (Main)-Niederursel, Habigsbornstr. 19.

Scheffler, Heinrich, Frankfurt (Main), s. **Verlag Heinrich Scheffler G. m. b. H.**

Scheiwiller, Giovanni, Milano, s. **Casa Editrice di Giovanni Scheiwiller.**

Scherpe-Verlag G. m. b. H., Krefeld, Glockenspitz 140, Postf. 848.

Scherz & Co., Alfred, Bern, Marktgasse 25.

Scherz & Goverts Verlag G. m. b. H., Stuttgart-Feuerbach, Heidestr. 48; Hamburg 1, Speersort 1.

Scheuermann, Walther, Verlag „Die Tieck-Bücher", Wien, I., Seilerstätte 22.

Scheur, Gebr., Bonn, s. **Bonner Universitäts-Buchdruckerei und Verlag Gebr. Scheur G. m. b. H.**

Scheuvens, Gebr., Wuppertal-Barmen, Am Nordpark 10.

Schick, Max, München, s. **Fachverlag Max Schick.**

Schiele & Schön, Berlin, s. **Fachverlag Schiele & Schön.**

Schiffahrts-Verlag „Hansa", C. Schroedter & Co., Hamburg 11, Stubbenhuk 10.

Schiffer, Michael, Rheinberg (Rhld.), Holzmarkt 12.

Schikowski, Richard, Berlin W 30, Motzstr. 30.

Schild-Verlag, München 8, Cuvilliéstr. 16.

Schiller-Buchhandlung, Lübeck, s. **Dittmer, Hertha, Schillerbuchhandlung.**

Schillinger, Karl, Freiberg (Br.), s. **Verlag Karl Schillinger.**

Schleswig-Holsteinische Bücherstube, Haase-Druck G. m. b. H., Kiel, Legienstr. 20.

Schlösser Verlag G. m. b. H., Paul, Braunschweig, Friedrich-Wilhelm-Str. 12.

Schlüsselverlag G. m. b. H., Innsbruck, Erlerstr. 5-7.

Schlütersche Verlagsanstalt und Buchdruckerei, Hannover, Gr. Wallstr. 2.

Schmelzer-Nicolai-Verlag, K. G., Freiburg (Br.), Rich.-Wagner-Str. 26.

Schmid, Joachim, Bamberg, Zinkenwörth 17.

Schmid, Walter, St. Gallen, Ekkehardstr. 2.

Schmidt-Verlag, Erich, Berlin W 35, Genthiner Str. 30g.

Schmidt & Co., Richard Carl, Braunschweig, Helmstedter Str. 151; Berlin W 35, Winterfeldstr. 36.

Schmidt, Carl Günther, Sphinx-Verlag, Duisburg, Moltkestr. 17.

Schmidt Söhne, Emil, Flensburg, Norderstr. 64-66.

Schmidt, Gebr., Hannover, Artilleriestr. 15.

Schmidt, O., Köln, s. **Verlag Dr. Otto Schmidt K. G.**

Schmidt, Wilhelm, Kreuztal, s. **Buchdienst-Verlag Wilhelm Schmidt.**

Schmidt & Co., Mainz, s. **Druckhaus Schmidt & Co.**

Schmidt, Ludwig, Osnabrück, Dielingerstr. 11.

Schmidt, Karl, Wien, XVIII., Währinger Str. 181.

Schmidt-Verlag, Reinhold, Wien, VII., Burggasse 69.

Schmidt-Dengler, Filipp Maria, Graz, Zimmerplatzgasse 8.

Schmidt-Römhild, Max, Lübeck, Mengstr. 16.

Schmitt, Fritz, München, s. **Alpiner Verlag Fritz Schmitt.**

Schmitt, Franz, Siegburg, Kaiserstr. 99.

Schmitz Verlag, Wilhelm, Gießen, Johannesstr. 4, Postf. 215.

Schmitz, Peter, Bad Neuenahr, s. **Kunst- und Bücherstube Peter Schmitz.**

Schmorl, Fritz, Hannover, s. **Hannoversches Buch- und Zeitschriften-Grosso Fritz Schmorl.**

Schmorl & von Seefeld Nachf., Hannover, Landschaftsstr. 6 u. Bahnhofstr. 14.

Schneekluth Verlag K. G., Franz, Celle, jetzt: Darmstadt, Holzhofallee 35.

Schneider Verlag G. m. b. H., Franz, Augsburg, jetzt: München 22, Königinstr. 25.

Schneider Verlag, Jakob, Berlin-Tempelhof, Manfred-von-Richthofen-Str. 19.

Schneider, Wilhelm, Eßlingen, s. **Burgbücherei Wilhelm Schneider.**

Schneider, H., Höchst, s. **Seeverlag H. Schneider.**

Schneider, Wolfgang, (Elsa-Verlag), Kiel, Alter Markt 11.

Schneider Verlag, Wilhelm, Siegen, Koblenzer Str 9.

Schneider, Hans, Tutzing, Hauptstr. 54.

Schnell, J., Warendorf, s. **Schnellsche Buchhandlung, J.**

Schellsche Buchhandlung, J., (C. Leopold), Warendorf (Westf.), Oststr. 24.

Schnell & Steiner, München, s. **Verlag Schnell & Steiner.**

Schnelle, Ernst, Detmold, s. **Meyersche Hofbuchhandlung (Sortiment) Ernst Schnelle.**

Schnug, O., Ansbach (Mittelfr.).

Schoch, J. H., Ostermundigen (Kt. Bern).

Schoeller-Verlag, Kattenhorn über Radolfzell (Bodensee).

Schönbrunn-Verlag G. m. b. H., Wien, IV., Prinz-Eugen-Str. 8.

Schönbuch-Verlag Otto Bopp, Dettenhausen b. Tübingen (Württ.).

Schönhuber, M., Wien, IX., Berggasse 29.

Schöningh, Ferdinand, Paderborn, Neuhäuserstr. 68c.

Schöningh, Ferdinand, Wien, s. **Volksliturgischer Verlag.**

Schöningh Verlag, Ferdinand, Würzburg, Rückermainstr. 1.

Schöps, Dr. Paul, Frankfurt (Main), s. **Verlag Dr. Paul Schöps.**

Scholle-Verlag, Buchhandlungs-Gesellschaft m. b. H., Wien, I., Stubenring 6.

Scholz-Mainz Verlag, Josef, Wiesbaden, Rosenstr. 3.

Schotola, A. Josef, Ulm (Donau), Postf. 235.

Schott's Söhne, B., Mainz, Weihergarten 7.

Schreiber, J. F., Eßlingen (Neckar), Schelztorstr. 30a, 40-48, Postf. 285; München 27, Pienzenauer Str. 44.

Schreiber, Emma, Stuttgart-Zuffenhausen, Markgröninger Str. 26.

Schriftenmissions-Verlag, Gladbeck (Westf.), Goethestr. 79.

Schroedel, H., Boppard, s. **Schroedel Verlag K. G., Hermann**, Hannover.

Schroedel Verlag K. G., Hermann, Hannover, Osterstr. 83; Darmstadt, Annastr. 25; Boppard (Rhein).

Schroeder, Kurt, Bonn, Hochstadenring 52.

Schröder Verlag G. m. b. H., Marion von, Hamburg 1, Rathausstr. 27 II.

Schröder Verlag, August, Stuttgart S, Cottastr. 56.

Schroll & Co., Anton, Wien, V., Nikolsdorfer Gasse 7-9.

Schünemann, Carl, Bremen, Schlachtpforte 5-7, Postf. 34, II.

Schütz, Siegfried, Hannover, s. **Fachbuchverlag Siegfried Schütz.**

Schütz, Wendelin, München 8, Schneckenburger Str. 22.

Schuhindustrie-Verlag Seiler & Co., Bad Ems (Lahn), Römerstr. 18, Postf. 17.

Schuler, F., Chur (Kt. Graubünden), Postplatz.

Schuler-Verlag, Stuttgart N, Lenzhalde 28.

Schulmann, Der neue, Stuttgart O, Pfizerstr. 5-7.

Schult, Hans, Lahr (Schwarzw.), Marktstr. 28-30.

Schulte-Bulmke, Gerhard, Frankfurt (Main), s. **Verlag Gerhard Schulte-Bulmke.**

Schultheis Verlag, Ludwig, Hamburg 1, Mönckebergstr. 10.

Schultheiß, Carl L., Tübingen, Denzenbergstr. 22.

Schultheß & Co. A. G., Zürich, Zwingliplatz 2.

Schulz, Berthold, Berlin, s. **Pädagogischer Verlag Berthold Schulz.**

Schulz Verlag, Hans Ferdinand, Freiburg (Br.), Habsburger Str. 101.

Schulz, Helmut Gerhard, Hamburg, Große Reichenstr. 77.

Schulze, Günther, Frankfurt (Main), Große Friedberger Str. 33-35.

Schulze, H. O., Lichtenfels, Markt 15; Kronach, Lukas-Cranach-Str.

Schulzesche Verlagsbuchhandlung, Rudolf Schwartz, Oldenburg (Oldb.), Schloßplatz 21, Postf. 82.

Schwab G. m. b. H., Curt E., Stuttgart, Silberburgstr. 193.

Schwabe & Co., Benno, Basel, Klosterberg 27.

Schwabe-Verlag, Max, Berlin-Schöneberg, Kufsteiner Str. 16.

Schwabe, Dr. Wilmar, Leipzig, s. **Verlag Dr. Wilmar Schwabe.**

Schwaben Verlag, Günzburg, s. **Schwäbischer Verlag M. Krenbauer.**

Schwabenverlag A. G., Stuttgart O, Landhausstr. 25; Ellwangen (Jagst, Württ.), Spitalstr. 17; Aalen (Württ.), Bahnhofstr. 21.

Schwäbischer Verlag M. Krenbauer, Günzburg, Marktplatz 8.

Schwalvenberg G. m. b. H., Hellwegbuchhandlung, Dortmund, Ostenhellweg 42-48.

Schwaneberger Album, jetzt: **Lipsia, Philatelistische Verlags-Gemeinschaft**, Leipzig C 1, Schloßgasse 5.

Schwann-Verlag, L., Düsseldorf, Charlottenstr. 80-86, Postf. 892.

Schwartz, Otto, Göttingen, s. **Verlag und Buchdruckerei Otto Schwartz & Co.**

Schwartz, Ernst, Judenburg (Steiermark), jetzt: Salzburg, Postf. 640.

Schwarz Verlag, Hans, Groschlattengrün (Obpf.).

Schwarzwälder Post, Oberndorf (Neckar).

Schweitzer Verlag, J., Berlin W 35, Genthiner Str. 13.

Schweizer Druck- und Verlagshaus A. G., Zürich, Klausstr. 35.

Schweizer Kirchenmusikverlag Edition Jans, Altdorf (Kt. Uri).

Schweizer Schachbücherei, Triengen (Kt. Luzern).

Schweizer Spiegel Verlag A. G., Zürich, s. **Guggenbühl & Huber.**

Schweizer Volks-Buchgemeinde, Luzern, s. **Verlag der Schweizer Volks-Buchgemeinde.**

Schweizerbart'sche Verlagsbuchhandlung (Erwin Nägele), E., Stuttgart W, Johannisstr. 3/1.

Schweizer. Jugendschriftenwerk, Zürich 1, Stampfenbachstr. 12.

Schweizerisches Vereinssortiment, Olten (Kt. Solothurn), Amtshausquai 23.

Schwentine Verlag, Preetz (Holstein).

Schwenzke, Burkhard, Mannheim, s. **Verlag Burkhard Schwenzke.**

Schwingen-Verlag, Kufstein (Tirol).

Schwyzerlüt-Verlag (Dr. G. Schmid), Freiburg (Schweiz), Av. du Simplon.

Scientia-Verlag A. G., Zürich, Feldeggstr. 12.

Sebaldus-Verlag G. m. b. H., Nürnberg A, Luitpoldstr. 5, Postf. 247.

Seelsorger-Verlag im Verlag Herder, Wien, s. **Herder & Co.**

Seelsorge-Verlag, Freiburg (Br.), Werthmannplatz 4.

Seemann, E. A., Köln, s. **Verlag E. A. Seemann.**

Seemann, E. A., Leipzig C 1, Jacobstr. 6, jetzt: **VEB E. A. Seemann.**

Seeverlag H. Schneider, Höchst (Vorarlberg).

Sehrohr-Verlag Wilhelm Schädler, Rendsburg, Schleswiger Str. 23.

Seiboldsche Druckerei und Verlag Dohany, Offenbach (Main), Große Marktstr. 36-42.

Seibt-Verlag, Lengdorf (Obb.)

Seith, August, Musikverlag, München 15, Schillerstr. 37.

Selinger, Emmerich, Zeitschriftenverlag, Wien, V., Luftgasse 3.

Selle, Karl, Emden-Harsweg.

Senftleben, Rudolf, Kaiserslautern, s. **Evangelische Buchhandlung Rudolf Senftleben.**

Sensen-Verlag, Wien, IX., Sensengasse 4.

7 [sept] Jours, Strasbourg, 8, rue des Francs-Bourgeois.

Dr. Serger & Hempel, Braunschweig, Gertrudenstr. 36.

Sesam-Verlag, Ravensburg, Marktstr. 57.

Sexl, A., Wien, s. **Verlag A. Sexl.**

Siebeneicher Verlag, Berlin-Charlottenburg 4, Schlüterstr. 50; Frankfurt (Main), Allerheiligenstr. 59.

Siebenpunkt-Kinderbücher-Verlagsgesellschaft m. b. H., Wien, I., Mahlerstr. 14.

Siegel, Ralph-Maria, Musik-Edition, München 23, Am Biederstein 7.

Sieger-Verlag, Lorch (Württ.).

Siegfried & Co., Zürich-Wipkingen, Höngger-str. 51.

Sieg-Verlag, München 13, Franz-Josef-Str. 40.

Siemens Verlagsbuchhandlung, Georg, Berlin W 30, Nollendorfstr. 28.

Siemens-Verlags-Gesellschaft, Bad Homburg v. d. H., Landgrafenstr. 60.

Sikkel, de, Antwerpen, Lamorinièrestraat 116.

Sikorski, Dr. Hans, Bühnen- und Musikverlage (Adraldoton, Arcadia, Beboton, Cineton, Neuer Theater-Verlag, Papageno, Tempoton, Zumsteeg), Hamburg 13, Harvestehuder Weg 5.

„Silberboot, Das", Salzburg, Reichenhaller Str. 10a.

Silesia-Verlag, Mindelheim (Schwaben).

Siller, Egon, Verkehrswirtschaftlicher Verlag, Düsseldorf, Theaterstr. 1.

Silva-Bilderdienst, Zürich.

Silvanusverlag, Meisenheim (Glan).

Silva-Verlag, V. u. E. Müller K. G., Iserlohn (Westf.), Wittekindstr. 16.

Simon, Walter, Kassel, s. **Musikhaus Walter Simon.**

Simons Verlag, Marburg, jetzt: Köln-Riehl, Kevelaerer Str.

Sinwell-Verlag, Nürnberg, Harsdörfferstr. 32-34.

Sirius-Verlag, Salzburg.

Sirius-Verlag Berlin Margarita Zuckermann, Berlin NW 21, Wiclefstr. 67.

Skorpion-Verlag, Hann.-Münden.

Società editrice «Vita e pensiero», Milano (Italien), 3/20, Via Ludovico Necchi 2.

Societäts-Verlag, Frankfurt (Main), Gutenbergstr. 7.

Société »Edco«, Strasbourg, 32, Boulevard de Lyon.

Société d' édition, Paris (17e), 28, rue Cardinet.

Société française d'édition de journaux et d'imprimés commerciaux, Mulhouse (Haut-Rhin).

Société internationale des Écoles Berlitz, Paris, 31, boulevard des Italiens.

Sockel, Alfred, Wien, VIII., Pfeilgasse 2.

Soennecken, F., Bonn, Kirsch-Allee 1-3.

Sogra, Graphische Gesellschaft für Modeverlag Nachf. Rudolf Succo, Wien, XVIII., Ferrogasse 35.

Soltau, Heinrich, Norden (Ostfriesl.), Markt 21.

Sonnenheimatverlag, Bern, Haspelweg 40.

Sonnensportverlag, Linz (Donau), Jungwirthstr. 8.

Sonnen-Verlag Albert Bock, Stuttgart 13, Schellbergstr. 51.

Sonnen-Verlag Dr. Georg Lomer, Bad Pyrmont.

Sonnenweg-Verlag Schäfer & Brandt, Neuffen (Württ.).

Sonntag, Johannes, Regensburg, Wahlenstr. 21/II.

Sopper, Franz G., Wolfsburg, Friedrich-Ebert-Str. 61.

Sozialistischer Verlag G. m. b. H., Wien, V., Rechte Wienzeile 97.

Spael, Dr. Wilhelm, Essen, s. **Verlag Dr. Wilhelm Spael K. G.**

Spaeth & Linde, Wien, s. **Industrieverlag Spaeth & Linde.**

Sparkassenverlag G. m. b. H., Stuttgart O, Kernerstr. 52, Postf. 733.

Sparkassen-Vordruck- und Werbedienst, Stuttgart, s. **Sparkassenverlag G. m. b. H.**

Spaten-Verlag A. G., Grenchen (Kt. Solothurn).

Speer-Verlag, R. Römer, Zürich, Hofstr. 134.

Speidel, F., Wien, s. **Speidel'sche Verlagsbuchhandlung, F.**

Speidel'sche Verlagsbuchhandlung, F., Wien, IX., Ferstelgasse 1.

Spemann, W., Stuttgart O, Pfizerstr. 5-7.

Spener-Verlag, Hermann Rathmann, Marburg (Lahn), jetzt: **Spener-Verlag**, Gießen, Postf. 205.

Sperl, Josef, Wien, IV., Wiedner Hauptstr. 66.

Spezial-Archiv, Das, der Deutschen Wirtschaft, Verlag Hoppenstedt & Co., Heppenheim (Bergstr.), Rheinstr. 8, Hoppenstedthaus; Essen, Jägerstr. 23-25; Berlin-Schöneberg, Am Park 9-10.

Spiegelhalder, Otto, Neustadt (Schwarzw.).

Spindler, Lorenz, Nürnberg, Lorenzer Str. 14.

Dr. Spohr-Verlag, Wuppertal-Elberfeld, Schwanenstr. 46.

Sponholtz Verlag K.-G., Adolf, Hannover, Seelhorststr. 46.

Sponholz, Frankfurt (Main), s. **Verlagshaus Sponholz G. m. b. H.**

Sportverlag G. m. b. H., Berlin NW 7, Neustädtische Kirchstr. 15.

Sport- und Jugend-Verlag G. m. b. H., Hamburg 36, Poststr. 10; Hannover, Goseriede 5-6.

Sport- und Turnverlag der Buch-Union, Frankfurt (Main), Buch Union, jetzt: **Herkul G. m. b. H.**, Frankfurt (Main), Schumannstr. 29.

Sprachen-Globus Verlagsgesellschaft m. b. H., Innsbruck, Bozner Platz 4.

Sprachenverlag Leben im Wort, Berlin N 65, Müllerstr. 138d, Postf. 14.

Sprachverlag O. Monien, Hamburg 36, Jungfernstieg 25.

Sprecher, Eggerling & Co., Chur (Kt. Graubünden).

Sprenger G. m. b. H., Albin, St. Andreasberg (Obharz), Mühlenstr.

Springer-Verlag o. H. G., Berlin W 35, Reichpietschufer 20; Göttingen, Weender Str. 60; Heidelberg, Neuenheimer Landstr. 24.

Springer-Verlag o. H. G., Wien, I., Mölkerbastei 5; Innsbruck, Innrain 27-29.

Staackmann Verlag, L., Bamberg, Vorderer Bach 8.

Staackmann, L., Leipzig C 1, Hainstr. 2.

Staatlicher Lehrmittelverlag, St. Gallen.

Staats-G. m. b. H., Fr., Abt. Dr. Spohr-Verlag, Wuppertal-Barmen, Altermarkt 21.

Staatsdrukkerij - en Uitgeverijbedrijf, 's Gravenhage (Holland).

Staatsverlag für Kunst und Literatur (ESPLA), Bukarest, Bul. Ana Ipatescu 39.

Staatsverlag für wissenschaftliche Literatur und Schulbücher (E. S.), Bukarest, Str. Brezoianu 23.

Stadler, Friedrich, Konstanz, Zollernstr. 10.

Stadler, Moritz, Verlagsgesellschaft m. b. H., Villach (Kärnten), Italiener Str. 3.

Stadt- und Land-Verlagsgesellschaft, Wiener Neustadt (Niederösterr.), Herrengasse 2.

Stähle & Friedel, Stuttgart S, Tübinger Str. 53.

Stämpfli & Cie., Bern, Hallerstr. 7-9.

Stahel'sche Universitäts-Buch- u. Kunsthandlung, Würzburg, Neubaustr. 2.

Stahlberg-Verlag G. m. b. H., Kaiserallee 51a.

Stalling A. G., Gerhard, Oldenburg (Oldb.), Ritterstr. 2-6; Hamburg, Hochhaus 1.

Stamm, Karl, Düsseldorf, s. **Verlag Karl Stamm.**

Stamm, Willy, Essen-Stadtwald, Goldammerweg 16.

Stampfenbach A. G., Zürich 8, Arbenzstr. 20.

Standard-Verlag, Hamburg 1, Ferdinandstr. 68.

Staneck Verlag G. m. b. H., Ernst, Berlin-Halensee, Johann-Georg-Str. 17.

Starke Verlag, C. A., Glücksburg (Ostsee), Meierwik 5.

Star Verlag, Oswald Schönwälder & Co., Wien, XIV., Purkersdorf, Hießbergergasse 12.

Stauda-Verlag, Johannes, Kassel-Wilhelmshöhe, Heinrich-Schütz-Allee 22.

Staude Verlagsbuchhandlung K. G., Elwin, Osterwieck (Harz), Neukirchenstr. 30.

Staufen-Verlag Paul Bercker K. G., Köln, Krefeld, z. Zt. Kamp Lintfort, Postf. 46.

Stauffacher-Verlag A. G., Frankfurt (Main), Münchener Str. 17.

Stauffacher-Verlag A. G., Zürich 8, Klausstr. 19.

Steffen-Verlag, Limburg (Lahn), Grabenstr. 66.

Stegemann, A., Fachverlag für das Friseurhandwerk, Berlin N 58, Schönhauser Allee 73.

Steinbacher, Erwin, Karlsruhe, s. **Musikverlag Erwin Steinbacher.**

Steinberg-Verlag, Zürich 8, Schwendenhausstr. 19.

Steinbrener, J., o. H. G., Schärding (Obösterr.).

Steinebach, Wilhelm, München, s. **Verlag Wilhelm Steinebach.**

Steiner, Franz, Wiesbaden, s. **Steiner, Franz, R. Herrosé's Verlag G. m. b. H.**

Steiner, Franz, R. Herrosé's Verlag G.m.b.H., Wiesbaden, Bahnhofstr. 39.

Steingrüben-Verlag G. m. b. H., Stuttgart, Azenbergstr. 76.

Steinkopf, August, Frankfurt (Main), W 13, Hedwig-Dransfeld-Str. 24.

Steinkopf Verlag, J. F., Stuttgart S, Marienstr. 13.

Steinkopff Verlag, Dr. Dietrich, Darmstadt, Holzhofallee 35.

Steinkopff, Theodor, Dresden A 53, Loschwitzer Str. 32.

Steirischer Zeitungs-Druck- und Verlagsgesellschaft m. b. H., Graz (Steiermark), Stempfergasse 7.

Stempel A. G., D., Frankfurt (Main)-Süd, Hedderichstr. 106-114.

Stenderhoff, Heinrich, Münster (Westf.), Ludgeristr. 114.

Stenogr. Verlag von F. Blaul, Fürth (Bay.), Georgenstr. 13.

Stephanus - Verlag Josef Aumann, Wien, VII., Zollergasse 34.

„Stern" Verlagsgesellschaft m. b. H., Wien, I., Fleischmarkt 1.

Sternenwelt-Verlag, München 8, Postf. 30.

Stern-Verlag, Hamburg 1, Steinstr. 27.

Stiasnys' Söhne, Graz (Steiermark), Annenstr. 65.

Stichnote Verlag G. m. b. H., Eduard, Darmstadt, Ahastr. 9; Berlin-Grunewald, Caspar-Theyss-Str. 14.

Stichnote, Eberhard, Hamburg, s. **Verlag Eberhard Stichnote.**

Stiftsbuchhandlung St. Florian, St. Florian b. Linz (Donau), Nr. 1.

Stimme Österreichs, Die, Wien, I., Kohlmarkt 5.

Stocker Verlag, Leopold, Graz (Steiermark), Bürgergasse 11.

Stocker A. G., Josef, Luzern, Kapellgasse 5.

Stockmayer-Verlag, Ludwigsburg (Württ.), Meiereistr. 9.

Stocky & Co., Opladen (Rhld.), Düsseldorfer Str. 45.

Stollfuß Verlag, Wilhelm, Bonn, Dechenstr. 7—11.

Storch-Verlag, Reutlingen, Schulstr. 26.

Storia e letteratura, Casa Editrice, Roma, Via Lancellotti 18.

Story-Verlag G. m. b. H., Tübingen, Oesterbergstr. 14.

Stoytscheff, Dr. Naidon, Nürnberg, s. **Fachverlag Dr. Naidon Stoytscheff.**

Stratowa Verlag, Wulf, Wien, s. **„Manutiuspresse" Wulf Stratowa Verlag.**

Stratz, Hermann, Buchdruckerei u. Verlag G. m. b. H., Säckingen (Rhein), Rheinbrückstr. 26.

Streckfuß, Kurt, Rheinischer Musikverlag, Düsseldorf, Alt-Heerdt 100.

Streisand, Hugo, Berlin W 30, Eislebener Str. 4.

Stromverlag Albrecht, Evert & Gutsche, Hamburg-Bergedorf, Blücherstr. 12.

Strub, P., Chur (Kt. Graubünden), Loestr. 47.

Strüdersche Buchdruckerei und Verlagsanstalt G. m. b. H., Neuwied, Engerser Str. 33—36.

Stubenrauch, Herbert, Bad Bocklet b. Bad Kissingen; Wien, I., Kärntner Str. 5; Zürich, Akazienstr. 2.

Stürner, Gust., Waiblingen b. Stuttgart, Bahnhofstr. 55.

Stuffer Verlag, Herbert, Baden-Baden, Lichtentaler Str. 3.

Stuttgarter Bildverlag Dr. Hermann Maier und Hermann Weishaupt, Stuttgart-Degerloch, Silberpappelweg 23, Anschrift: Stuttgart O, Hackländerstr. 33.

Stuttgarter Verlag G. m. b. H., Hamburg 39, **Blumenstr. 36a.**

Stutz Verlag, Walter, München 2, Weinstr. 4.

„Styria", Steirische Verlagsanstalt, Graz (Steiermark), Schönaugasse 64; Wien, I., Lobkowitzplatz 1.

Sudetendeutscher Bildkalender, München, s. **Verlag Sudetendeutscher Bildkalender.**

Südadreß, Süddeutsche Adreßbuchverlagsgesellschaft G. m. b. H., München, Promenadenplatz 9; Stuttgart W, Weimarstr. 43; Karlsruhe, Karl-Friedrich-Str. 14.

Süddeutsche Tabakzeitung, Mainz, Gr. Bleiche 46—48; Karlsruhe, Kaiseralle 25a.

Süddeutsche Zeitung, München, s. **Süddeutscher Verlag G. m. b. H.**

Süddeutscher Pädagogischer Verlag Bohnet & Co., Ludwigsburg, Marktplatz 13.

Süddeutscher Verlag, G. m. b. H., München 2, Sendlinger Str. 80.

Süddeutsches Verlags-Institut Julius Müller Nachf., Stuttgart W, Hasenbergsteige 47.

Süd-Ostdeutsche Verlagsanstalt, Groß - Denkte b. Wolfenbüttel.

Südverlag G. m. b. H., München 2, Brienner Str. 46; Geschäftsstelle: Konstanz, Bahnhofstr. 8.

Südwestdeutsche Verlagsdruckerei Georg Hornberger, Waldfischbach (Landkr. Pirmasens), Hauptstr. 27.

Süssenguth Verlagsgesellschaft, Berlin N 20, Prinzenallee 7.

Suhrkamp Verlag, Berlin-Zehlendorf, Schützallee 7; Frankfurt (Main), Schaumainkai 53.

Summa-Verlag G. m. b. H., Olten (Kt. Solothurn), Amtshausquai 21.

Summereder, Dr. Hans, Innsbruck, Roseggerstr. 13.

Svenska Kyrkans Diakonistyrelses Bokförlag, Stockholm 7, Jakobsberggatan 15.

SWA-Verlag, Berlin (erloschen).

Swoboda, A., Wien, s. **Buch- und Zeitschriftenhandlung Adolf Swoboda & Söhne.**

Sydow, Otto, München 15, Pettenkoferstr. 27a.

Szebeny & Bornemisza, München 42, Agnes-Bernauer-Str. 58.

Szent István-Társulat Kiadása, Budapest, IV., Kecskeméti-u. 2.

„Szikra", Franklin-Verlag, Budapest, IV., Egytteni utca 4.

Tabacologia, Köln-Lindenthal, Hans-Sachs-Str. 21.

Tapper-Verlag, Werner, Ulm (Donau), Herrenkellergasse 16.

Tauber-Verlag, Berlin-Zehlendorf, Forststr. 22.

Tauchnitz, Fritz, Halle (Saale), Rathausstr. 14.

Taurus Verlag G. m. b. H., Hamburg-Poppenbüttel, Kritenbarg 38.

„Taurus"-Verlagsbuchhandlung, Wien, I., Lichtensteg 1.

Taylorix Fachverlag Stiegler & Co., Stuttgart, Reuchlinstr. 4 B, Postf. 829.

Technisch-Pädagogischer Verlag, Scharfes Druckereien K. G., Wetzlar, Ernst-Leitz-Str. 49.

Technischer Verlag Herbert Cram, Berlin W 35, Woyrschstr. 13.

Technischer Verlag „das elektron", Linz (Donau), Anastasius-Grün-Str. 4.

Technischer Verlag Berthold Erb, Wien, VI., Mariahilfer Str. 71.

Technischer Verlag Dipl.-Arch. Ing. Ferdinand Klinger, Salzburg, Linzer Gasse 50.

Technischer Verlag „Sanitäre Technik", A. Krammer & Co., Düsseldorf, Hermannstr. 3, Postf. 2062.

Teigeler, Walter, Hamburg, s. **Verlag Walter Teigeler G. m. b. H.**

Telegraf-Verlags-G. m. b. H., Berlin-Grunewald, Bismarckplatz.

Tellus-Verlag Karl Koenen & Co. K. G., Essen, Kibbelstr. 9—15.

Tenger-Verlag G. u. W. Wachsmuth, Wien, XIII./89, Kupelwiesergasse 7.

Teo-Ton-Verlag, München 23, Am Biederstein 7.

Terra-Verlag K. G., Konstanz, Webersteig 3, Postf. 222.

Tessloff Verlag, Ernst, Hamburg 1, Speersort 1, Pressehaus.

Tetzlaff-Verlag, Dr. Arthur, Frankfurt (Main), Niddastr. 64.

Teubner, B. G., jetzt: **B. G. Teubner Verlagsgesellschaft,** Leipzig C 1, Goldschmidtstr. 28.

Teubner, B. G., Verlagsgesellschaft m. b. H., Stuttgart, Gerberstr. 15.

Teutsch, J. N., Bregenz (Vorarlberg).

Tewista-Verlag, jetzt: **Verlag Will Rinne,** Hannover, Matthiasstr. 4.

Textilzeitschriftenverlag o. H. G., Wien, I., Doblhofgasse 5.

Thalacker, Bernhard, Fachzeitungsverlag, Braunschweig, Hutfiltern 8.

Thali & Cie., H., Hitzkirch, s. **Verlag H. Thali & Cie.**

Thaning & Apels, København K., Amagertorv 1.

Thebal-Verlag, Stuttgart O, Alexanderstr. 32.

Theißen-Verlag, Otto, Rheydt, Stresemannstr. 18.

Theobroma Verlag Dr. Hermann Meyer zu Selhausen, Lage (Lippe), Schulstr. 37.

Thiemann'sche Verlagsbuchhandlung, Wiesbaden, Viktoriastr. 35, Postf. 69.

Thieme, Georg, Leipzig C 1, Thomaskirchhof 21, Postf. 535.

Thieme Verlag, Georg, Stuttgart O, Diemershaldenstr. 47.

Thieme u. Cie., W. J., Zutphen (Holland), Groenmarkt 15—21.

Thienemanns Verlag K. G., K., Stuttgart O, Blumengasse 36a-b.

Thiesen, Robert P., Bad Türkheim, s. **Verlag Robert P. Thiesen K. G.**

Thomas-Druckerei und Buchhandlung (Thomas-Verlag), Kempen (Ndrrh.), Burgstr. 5.

I., Wollzeile 33.

Thomas Morus Verlag, P. Banholzer, Basel, Greifengasse 7.

Thomas-Morus-Presse im Verlag Herder, Wien, (Thür.)

Thomas-Verlag, Kempen, s. **Thomas-Druckerei und Buchhandlung (Thomas-Verlag).**

Thomas-Verlag, Dr. James Schwarzenbach, Zürich, Rennweg 14.

Thorbecke Verlag, Jan, Lindau (Bodensee), Postf. 6.

Thormann & Goetsch, Berlin SW 61, Blücherstr. 22.

Thüringen-Verlag P. E. Blanck & Co., Gera, De Smit-Str. 15, Postf. IV/444.

Thüringer Volksverlag G. m. b. H., Erfurt, Löberwallgraben 20.

Thüringer Volksverlag G. m. b. H., Zweigniederlassung Apolda, Apolda, Postf. 40.

Thüringer Volksverlag G. m. b. H., Zweigniederlassung Karl-Marx-Werke, Pößneck

Thüringer Volksverlag G. m. b. H., Abt. Grafik-Verlag Dr. Heinrich Mock, Weimar, Jacobstr. 2.

Thule, Stockholm, s. **Bokförlags Aktiebolaget Thule.**

Thur-Verlag, Andelfingen (Kt. Zürich).

Tjeenk Willink, W. E. J., Zwolle (Holland), Melkmarkt 2.

Tirana-Verlag, Wiesbaden, Postf. 3017.

Tiroler Graphik G. m. b. H., Innsbruck, Innrain 27—29.

Titania-Verlag G. m. b. H., Stuttgart W, Oberer Hoppenlauweg 26.

Titz Verlag, Walter, Berlin-Friedenau, Beckerstr. 3.

Tobler, Alfred, Zürich, s. **Buchhandlung und Verlag Alfred Tobler.**

Töpelmann, Alfred, Berlin W 35, Genthiner Str. 13.

Tonger Musikverlag, P. J., Rodenkirchen b. Köln, Rheinstr. 19.

Tonos-Verlag Reutlingen, Inh. Franz Koenig, Reutlingen, Krämerstr. 36.

Toorts, de, Uitgeverij, Heemstede, (Holland), Van Ostadeplein 1.

Toswald, Josefine, Wien, s. **Verlag „Austrian Magazin" Josefine Toswald.**

Toth Verlag G. m. b. H., J. P., Hamburg 39, Blumenstr. 36a.

Touristik-Verlag G. m. b. H., Wien, I., Eschenbachgasse 11.

Traunau, Rudolf, Wels, s. **Verlag Rudolf Traunau.**

Treuga-Verlag, München 15, Bavariaring 20.

Treuners Nf. H. Seraphin, Bamberg, Lange Str. 18.

Trias-Verlag, Basel, Holbeinstr. 86.

Tribüne-Verlag und Druckerei des FDGB G. m. b. H., Berlin N 4, Chausseestr. 123—124.

Triga-Verlag, Rheydt (Rhld.), Dahlener Str. 13.

Triltsch, Konrad, Würzburg, s. **Druck- und Verlagsanstalt Konrad Triltsch.**

Trowitzsch-Verlag o. H. G., Holzminden, Bismarckstr. 3; zu beziehen durch M. & H. Schaper, Hannover.

Troxler-Verlag, Bern, Friedheimweg 9.

Trüjen, Friedrich, Bremen, Parkstr. 83.

Tscherrig, Tröndle & Co. A. G., Brig (Kt. Wallis).

Tschudi & Co., Glarus (Schweiz), Hintere Pfarrhausstr.

Tschudy & Co., H., St. Gallen, Burggraben 4.

Tuanima Verlag Dr. Heinrich Reiche, München 22, Postf. 51.

Türmer-Verlag Dr. Böhme K. G., Lochham b. München, Lenbachstr. 4.

Turm Verlag Friedrich Zluhan, Bietigheim (Württ.), Hindenburgstr. 3.

Tyrolia-Verlag, Innsbruck, s. **Verlagsanstalt Tyrolia A. G.**

Ueberbacher, Rudolf, Wien, VII., Wimberger Gasse 46.

Ueberreuter, Carl, Wien, s. **Verlag Carl Ueberreuter (Carl Ueberreutersche Buchdruckerei und Schriftgießerei M. Salzer).**

Übersee-Post, Verlag Hermann E. Reisner K. G., Nürnberg, Bankgasse 9.

Uhl Verlag, Ernst, Schwabach, Königsplatz 14, Postf. 70.

Uhlending, Hans, Hervest-Dorsten, Haltener Str. 99.

Uhlmann Verlag, Otto, (Bernhard Butsch), Bad Pyrmont, Humboldtstr. 2.

Uitgeverij Dr. W. Junk, 's Gravenhage (Den Haag), 13, van Stolkweg.

Ullstein-Aktiengesellschaft, Berlin - Tempelhof, Mariendorfer Damm 1—3; Wiesbaden, Schwalbacher Str. 48.

Ullstein & Co., Wien, s. **Verlag Ullstein & Co.**

Ulmer, Eugen, Ludwigsburg, Körnerstr. 16; Stuttgart, Reinsburgstr. 77 A.

Ulrich & Co., Karl, Verlag für gewerbliche Fachliteratur, Nürnberg, Guntherstr. 58.

Ulrich von Hutten-Verlag, Stuttgart,; Graz (Steiermark).

Ulysses-Verlag, Wien, I., Singerstr. 30.

Umschau-Verlag, Frankfurt (Main), Stuttgarter Str. 20—22.

UNA, Weltbücherei, Mannheim, Mollstr. 42.

„Ungarisches Bulletin“, Budapest, Petöfi-Ter. 3.

Unger-Verlag, Zürich, Mühlebachstr. 47.

Unger & Domröse Verlag, Berlin-Charlottenburg 4, Sybelstr. 10; Herne (Westf.), Postf. 142.

Union A. G., Solothurn (Schweiz), Untere Werkhofstr. 5.

Union Deutsche Verlagsgesellschaft Stuttgart, Beck, Auberlen & Co., Stuttgart S, Hohenzollernstr. 1.

Unionsdruckerei, Luzern, Kellerstr. 6.

Union Verlag VOB, Berlin W 8, Zimmerstr. 79—80.

Union-Verlag, Hamburg, s. **Hammonia Norddeutsche Verlagsgesellschaft.**

Universalverlag W. Vobach & Co. G. m. b. H., jetzt: **Verlag für die Frau G. m. b. H.,** Leipzig C 1, Friedrich-Ebert-Str. 76.

Universalverlag W. Vobach & Co. — Bernhard Meyer — Curt Hamel G. m. b. H., Berlin W 15, Kurfürstendamm 219.

Universitätsbuchhandlung, Freiburg (Schweiz), rue Romont 22-24, s. a. **Librairie de l'Université.**

Universitätsdruckerei H. Stürtz A. G., Würzburg, Beethovenstr. 5.

Universitäts-Verlag P. Schmid Nf. v. Bergen K. G., Berlin W 30, Neue Bayreuther Str. 4.

Universitätsverlag Wagner, G. m. b. H., Innsbruck, Innrain 27—29.

Universitetsforlaget, Aarhus (Dänemark).

University of Illinois Press, Urbana, Ill., U.S.A.

University of London Press, Ltd., London E. C. 4, Little Paul's House, Warwick Square.

Universum Verlag, Zürich 38, Ostbühlstr. 37.

Universum Verlagsgesellschaft m. b. H., Wien, IX., Frankgasse 4.

„Unser Dasein“ Verlag Helmuth Groh, Karlsruhe (Bad.), Karlstr. 98.

Unser Pfad Verlag, Salzburg, Gneiserstr. 4.

Unsere Kleidung — Unser Werk, Nürnberg A, Königstr. 56.

Unterberger, Hermann, Merano (Italien), Via Portici 229.

Urania-Verlag G. m. b. H., Jena, Seidelstr. 12.

Uranus-Verlag Gertrud Duphorn, Wentorf b. Reinbek, Reinbeker Weg 9.

Urban-Verlag, Wien, I., Universitätsstr. 11.

Urban-Verlag, Helene Mayer & Otto Vogelgesang, Freiburg (Br.) Mozartstr. 18.

Urban & Schwarzenberg, München 22, Thierschstr. 11; Berlin-Charlottenburg 9, Branitzerplatz 5; Wien, IX., Frankgasse 4.

Urs Graf-Verlag G. m. b. H., Bern, Christoffelgasse 3; Olten (Kt. Solothurn), Amtshausquai 21.

Uta-Verlag, Sinzig, Haus Hubertus.

Vadian-Verlag, St. Gallen, s. **Buchhandlung der Evangelischen Gesellschaft & Vadian-Verlag.**

Vandalen-Verlag G. m. b. H., München 22, Kaulbachstr. 29a.

Vandenhoeck & Ruprecht, Göttingen, Theaterstr. 13.

Vannini, Giulio, Brescia, Via R. Vantini 3a.

Vaterländischer Verlag A. G., Murten (Kt. Freiburg).

VDE-Verlag, G. m. b. H., Wuppertal-Elberfeld, Friedrich-Ebert-Str. 111; Berlin - Charlottenburg 4, Bismarckstr. 33.

VEB, s. **Eigenname des Verlages.**

Vebra-Verlag, Vettiger & Co., Rüti (Kt. Zürich).

Vechtaer Druckerei und Verlag, Vechta (Oldbg.).

Veen, L. J., Amsterdam, Leidschegracht 76—78.

Veenmann & Zonen, H., Wageningen (Holland), Mennonietenbuurt 11.

Vegeta-Verlag Helmut Th. K. Rall, Ebhausen (Württ.).

Velhagen & Klasing, Bielefeld, Obernstr. 40, Postf. 1527-29; Hannover, De Haenplatz 6.

Velmede, Aug. Friedr., Hamburg 21, Uhlenhorster Weg 30.

Verbandsdruckerei A. G., Bern, Laupenstr. 7a.

Verbik, Eduard, Wien, IX., Schwarzspanierstr. 15.

Verein Gute Schriften, Basel, Petersgraben 29.

Verein Gute Schriften, Bern, Falkenstr. 14.

Verein Gute Schriften, Zürich, Wolfsbachstr. 19.

Verein vom hl. Karl Borromäus e. V., Bonn, Wittelsbacher Ring 9.

Vereinigte Motor-Verlage G. m. b. H., Stuttgart W, Paulinenstr. 44.

Vereinigung volkseigener Betriebe Leichtindustrie Sachsen - Anhalt, Gravo - Druck, Halle (Saale), Ludwig-Wucherer-Str. 44.

Vereinigung Volkseigener Verlage Dresdner Verlag, Dresden, s. **VEB Verlag der Kunst.**

Verkauf, Willy, Bregenz s. **Verlag Arthur Niggli und Willy Verkauf.**

Verkauf, Willy, Wien, s. **Verlag Willy Verkauf.**

Verkehrs-Verlag Jakob Fischer, Düsseldorf, Paulusstr. 1.

Verkehrs- und Wirtschafts-Verlag G. m. b. H., Dortmund, Westenhellweg 22.

Verkehrswissenschaftliche Lehrmittelgesellschaft m. b. H., Frankfurt (Main), Jahnstr. 43.

Verlag der Akademie der Wissenschaften und der Literatur, Mainz, Gaustr. 104.

Verlag des Akademischen Maschinen-Ingenieur-Vereins an der Eidgenössischen Technischen Hochschule, Zürich.

Verlag Karl Alber G. m. b. H., München 23, Werneckstr. 15a; Freiburg (Br.), Johanniterstr. 4.

Verlag Albrecht Dürer, Druck- u. Verlagsgesellschaft m. b. H., Wien, VII., Bandgasse 28.

Verlag C. V. Allert de Lange, Amsterdam, Damrak 62.

Verlag Allgäuer Anzeigeblatt, Immenstadt (Allgäu).

Verlag Allgemeine Holzrundschau, Wien, VI., Millergasse 20.

Verlag der allgemeinen Arbeitskonföderation (Ed. C. G. M.), Bucuresti, Str. Calomfirescu 3.

Verlag der Alpenland-Buchhandlung, Graz, s. **Alpenland-Buchhandlung.**

Verlag der Altenburg-Stralsunder Spielkarten-Fabriken, Stuttgart S, Adlerstr. 31—33.

Verlag der Aluminium-Zentrale e. V., Düsseldorf, Alleestr. 31.

Verlag der Amriswiler Schreibmappe, Amriswil (Kt. Thurgau).

Verlag des Amtes für Landeskunde, Landshut, jetzt: Remagen (Rh.), Bergstr. 38.

Verlag des Amtes der oberösterreichischen Landesregierung, Linz (Donau).

Verlag für angewandte Wissenschaften, G. m. b. H., Wiesbaden, Rheinstr. 79.

Verlag für antifaschistische Literatur und Kinderbücher, Zwickau, (erloschen).

Verlag Arbeiter-Taschenkalender, Bern, Kirchenfeldstr. 50.

Verlag der Arbeitskammer, Wien, I., Ebendorfer Str. 7.

Verlag für Architektur A. G., Erlenbach (Kt. Zürich).

Verlag Ars sacra, Josef Müller, München 13, Friedrichstr. 9, Postf. 103.

Verlag Ludwig Auer, Cassianeum, Donauwörth.

Verlag Auerdruck, G. m. b. H., Hamburg 1, Pressehaus.

Verlag für Auslandskunde, Baden-Baden, Hauptstr. 57.

Verlag „Austrian Magazin" Josefine Toswald, Wien, VII., Mariahilfer Str. 62.

Verlag Automobil-Revue, Frankfurt (Main), Städelstr. 19, Postf. 1006.

Verlag Die Automobil-Wirtschaft L. P. van Well, Düsseldorf, Münsterstr. 161.

Verlag Badstöber, Wien, II., Taborstr. 98.

Verlag Dr. Hermann Bamberg, Wien, I., Elisabethstr. 15.

Verlag Dr. Albert Bartens, Berlin-Nikolassee, Lückhoffstr. 16.

Verlag Peter Basten, Aachen, Welkenrather Str. 41.

Verlag „Der Bastler", Wien, s. **Kraemer, Maximilian, Verlag „Der Bastler".**

Verlag Bauen und Wohnen G. m. b. H., München 2, Lotzbeckstr. 2.

Verlag Bauen und Wohnen, Zürich 4, Jacobstr. 29.

Verlag E. C. Baumann K. G., Kulmbach (Bay.), Kressenstein 26.

Verlag H. Baumgartner, Warpke, s. **Druck- und Verlags-Anstalt Hans Baumgartner.**

Verlag Bayerische Heimatforschung, München-Pasing, Dachstr. 23½.

Verlag der Bayerischen Akademie der Wissenschaften, München 23, Maria-Josepha-Str. 11.

Verlag Eduard F. Beckmann, Lehrte (Hannov.), Haus Heideck.

Verlag für Behördenbedarf, Baden-Baden-Oos, Sinzheimer Str. 8.

Verlag „Das Bergland-Buch" R. Kiesel & Co., Salzburg, Rainerstr. 19.

Verlag Die Berliner Konditorei, Berlin-Neukölln, Böhmische Str. 13.

Verlag „Berliner Steuer-Blatt", Berlin - Charlottenburg 9, Soorstr. 63.

Verlag A. G. Berner Tagblatt, Bern, Zeughausgasse 14.

Verlag Maria Bernhardt, Vomperberg (Tirol).

Verlag für Berufs- und Erfolgsliteratur, Frankfurt (Main), Habsburger Allee 84.

Verlag „Der Betriebs-Ökonom für Dampf und Wärme", G. m. b. H., Verden (Aller), v. Einem-Platz 3.

Verlag Otto Beyer G. m. b. H., Der Verlag für die Frau, Wiesbaden, Adolfsallee 51—53.

Verlag Bild und Buch, Anton Schuhmacher, Berlin - Schöneberg, Meraner Str. 6; Wiesbaden, Bahnhofstr. 39.

Verlag Birkhäuser A. G., Basel, Elisabethenstr. 15.

Verlag „Blick nach Polen", G. m. b. H., Berlin W 8, Taubenstr. 1—2.

Verlag „Blumenpost", Erbach (Odenwald).

Verlag Joachim Boehmer, Berlin-Lichterfelde, Tietzenweg 68.

Verlag G. W. den Boer, Middelburg (Holland), Sint Pieterstraat 35.

Verlag des Börsenvereins der deutschen Buchhändler, Leipzig, jetzt: VEB **Verlag für Buch- und Bibliothekswesen**, Leipzig C 1, Gerichtsweg 26.

Verlag Die Boje, Stuttgart, Urbanstr. 14.

Verlag Bonifacius-Druckerei, Paderborn, s. **Bonifacius-Druckerei.**

Verlag O. Borgmeyer, Oberursel (Taunus), Oberhöchstädter Str. 19.

Verlag des Borromäus-Vereins, Bonn, s. **Verein vom hl. Karl Borromäus, e. V.**

Verlag Walter de Bouché, München 23, Gundelinenstr. 2;
s. a. **Deutscher Färberverlag.**

Verlag Hans Braig, „Internationaler Holzmarkt", Wien, I., Herrengasse 21.

Verlag Brausdruck, Heidelberg, Langemarckplatz 16.

Verlag „Die Brigg", Augsburg 2, Am Katzenstadel 30, Postf. 44; Basel, Gundeldingerstr. 359.

Verlag R. Brockhaus, Wuppertal-Vohwinkel, Buchenhofener Str. 23-25.

Verlag „Die Brücke", G. m. b. H., Wien, I., Seilerstätte 3, (erloschen).

Verlag der Buchgemeinde, Bonn, Wittelsbacher Ring 9.

Verlag der Buchhändlerischen Kreditliste Pfalzgraf & Heinrich, Hamburg 1, Mönckebergstr. 7 (Levantehaus).

Verlag der Buchhandlung beim alten Steffl, Wien, I., Schulerstr. 1.

Verlag Lothar-Günther Buchheim, Feldafing (Obb.), Nr. 182.

Verlag „Das Bücherschiff", Frankfurt (Main)-Höchst, Legienstr. 18.

Verlag Bürgerkunde, M. Riederer, Krumbach (Schwab.), jetzt: München 42, Willibaldstr. 8b.

Verlag „Das Büro", Flensburg, Südergraben 27.

Verlag für Bürotechnik, Andreas Strippel, Berlin-Tempelhof, Löwenhardtdamm 56.

Verlag des Bundesanzeigers, Bonn, s. **Bundesanzeiger Verlags G. m. b. H.**

Verlag Erwin Burda, Freiburg (Br.), Münchhofstr. 12.

Verlag der Burgbücherei Wilhelm Schneider, Eßlingen, s. **Burgbücherei Wilhelm Schneider.**

Verlag Hans Burkhardt, Essen, Hollestr. 1, Haus der Technik.

Verlag Friedrich Carl Buß, Wien, VII., Neubaugasse 75.

Verlag Butzon & Bercker, Kevelaer, s. **Butzon & Bercker, G. m. b. H.**

Verlag Georg D. W. Callwey, München 2, Finkenstr. 2.

Verlag der Caritas Christi, Clerf-Abtei, Luxemburg.

Verlag Hans Carl, Nürnberg 2, Breite Gasse 58—60.

Verlag Cartea Rusă, Bukarest, Strada Nicolae Filipescu 30.

Verlag Cassianeum, Donauwörth, s. **Verlag Ludwig Auer, Cassianeum.**

Verlag Dr. Hans v. Chamier K. G., Essen-Kray, Gut Eickenscheidt.

Verlag Chemie, G. m. b. H., Weinheim (Bergstr.), Pappelallee 3; Berlin SW 11, Dessauer Str. 28-31.

Verlag Christen & Co., K. G., Hamburg 36, Poststr. 33.

Verlag Cocktail, Otto Sachsenhauser, München 23, Victor-Scheffel-Str. 23; s. a. **Verlag Otto Sachsenhauser.**

Verlag des „Correio Serrano" Ulrich Löw, Ijui (Rio Grande do Sul, Brasilien).

Verlag G. Danner, Köln-Riehl, Kevelaerer Str. 18.

Verlag „Für dauerhaften Frieden, für Volksdemokratie", Bukarest, Strata Valerio Braniste No. 56. Für dt. Ausg.: Berlin N 54, Schönhauser Allee 176.

Verlag Demokratie im Angriff, Köniz (Kt. Bern).

Verlag Kurt Desch G. m. b. H., München 19, Romanstr. 7—9.

Verlag Deutsche Berufsfahrer-Zeitung, J. Grohmann, Hamburg 1, Johanniswall 4.

Verlag „Deutsche Gabelsberger - Gesellschaft", Göttingen, Walkemühlweg 5.

Verlag Deutsche Glocke G. m. b. H., Köln, Stolkgasse 25—31, Rundschau-Haus.

Verlag Deutsche Kommentare, Dr. Karl Silex, Stuttgart, Senefelder Str. 69a.

Verlag Deutsche Opposition, Hamburg, Postf. 621.

Verlag Deutsche Polizei, G. m. b. H., Hamburg 1, Speersort 1, Pressehaus.

Verlag „Der deutsche Soldat", Eichstätt (Bay.), Postf.

Verlag Deutsche Stimmen, Hannover, Billweg 4A.

Verlag Deutsche Volksbücher G. m. b. H., Rottenburg, jetzt: Stuttgart 13, Libanonstr. 3.

Verlag Deutsche Volksmission entschiedener Christen, Vaihingen, s. **Fix Verlag, Karl, Deutsche Volksmission entschiedener Christen.**

Verlag „Der Deutsche Weinbau", Mainz, Löwenhofstr. 5.

Verlag Deutsche Wohnungswirtschaft, Düsseldorf, Oststr. 162.

Verlag der Deutschen Bienenzeitung, Berlin N 65, Schulzendorfer Str. 26.

Verlag der Deutschen glastechnischen Gesellschaft, Frankfurt (Main), Untermainkai 12.

Verlag Deutscher Tierschutzwerbedienst, G. m. b. H., Berlin SW 61, Großbeerenstr. 68; Hilchenbach (Kr. Siegen), Bruchstr. 23.

Verlag Diakonissenmutterhaus, Aidlingen (Kr. Böblingen, Württ.).

Verlag Carl H. Dieckmann, Hamburg 11, Großer Burstah 31.

Verlag Moritz Diesterweg, Frankfurt (Main), Hochstr. 31; Bonn, Meckenheimer Allee 113.

Verlag Dietschi, Olten (Kt. Solothurn).

Verlag Dölle, Hamburg - Großflottbek, Adickestr. 160.

Verlag Draeger & Krämer G. m. b. H., Stuttgart O, Landhausstr. 74.

Verlag Wilhelm Dreecken, Freiburg (Br.), s. **Internationale Bibliothek, Verlag Wilhelm Dreecken.**

Verlag des Druckhauses Tempelhof, Berlin-Tempelhof, Mariendorfer Damm 1-3; jetzt: **Ullstein-Aktiengesellschaft.**

Verlag Karl Eberwein, Pinneberg b. Hamburg, Damm 2a.

Verlag Economia, Frankfurt (Main)-Oberrad, Balduinstr. 47.

Verlag Die Egge, Nürnberg, Sandrartstr. 48.

Verlag W. Egle, Goßau (Kt. St. Gallen).

Verlag Elektro- und Radiotechnik, Wien, IX., Borschkegasse 7.

Verlag Heinrich Ellermann, Hamburg 39, Borgweg 17.

Verlag der Else Reitermayer-Maux-Gesellschaft, Wien, XII., Weißenthurngasse 17/1.

Verlag der Erziehungsdirektion des Kanton Zürich, Zürich.

Verlag „Europäische Werbung", D. Eberwein, Pinneberg b. Hamburg, Damm 2a.

Verlag der Europäischen Bücherei H. M. Hieronimi, Bonn, Argelanderstr. 177.

Verlag der Evangelisch-lutherischen Mission, Erlangen, Burgbergstr. 40.

Verlag Evangelischer Presseverband Kurhessen-Waldeck, Kassel, Wilhelm-Allee 79, Postf. 66.

Verlag des Fachblattes „Österr. Radio- und Elektrogewerbe", Wien, V., Siebenbrunnengasse 85.

Verlag für Fachliteratur R. Markewitz, Mühlhausen (Thür.), s. **Markewitz, Richard.**

Verlag für Fachschrifttum, München 27, Spervogelstr. 12.

Verlag Fankhauser, Thielle, s. **Verlag Die Neue Zeit Eduard Fankhauser.**

Verlag der Fehrs-Gilde, Hamburg-Wellingsbüttel, Waldingstr. 39.

Verlag der J. Fink K. G., Stuttgart 5, Gerberstr. 12B.

Verlag der Finnischen Akademie der Wissenschaften, Helsinki.

Verlag Ernst Fleischhauer & Co., Essen, Postf. 198; Wattenscheid, Wasserstr. 22, Postf. 145.

Verlag „Der fortschrittliche Landwirt", Graz, Postf. 483.

Verlag Frank, Singen (Hohentwiel), Alpenstr. 27.

Verlag der Frankfurter Hefte G. m. b. H., Frankfurt (Main), Schaumainkai 53.

Verlag Ernst Franz, Metzingen (Kr. Reutlingen, Württ.), Körnerstr. 20.

Verlag des Franziskus-Kalenders, Solothurn (Schweiz), Obere Greibengasse 16.

Verlag für die Frau, Leipzig C 1, Friedrich-Ebert-Str. 76, früher: Verlag für die Frau (Sachsenverlag).

Verlag „Das freie Wort", Bund der Verfolgten des Naziregimes, Düsseldorf-Gerresheim, Heyestr. 63.

Verlag Freies Geistesleben G. m. b. H., Stuttgart, Adolf-Kröner-Str. 8.

Verlag der Freunde, Wiesbaden-Kostheim, Industriehof.

Verlag „Die Freunde bezw. Freundschaft", Hamburg-Altona, Kleine Freiheit 30-32; s. a. **Grieger, Charles,** Hamburg-Altona.

Verlag „Die frohe Botschaft", Wien, IX., Kreindlgasse 12.

Verlag „Das Garten-Jahrbuch", Graf und Neuhaus, Zürich 2, Seestr. 105.

Verlag Dr. Max Gehlen, Bad Homburg v. d. Höhe, Louisenstr. 72, Haus des Taunusboten; Berlin-Nikolassee, An der Rehwiese 4.

Verlag „Geistige Loge", Zürich 1, Zeltweg 4.

Verlag Die Gemeinde, Mannheim, Moselstr. 4.

Verlag „Der Gemüsebau", Zürich.

Verlag der Geographischen Gesellschaft, Wien, I., Judenplatz 11.

Verlag Gerhard, Emden, Zwischen beiden Bleichen 2.

Verlag des Germanischen National-Museums, Nürnberg, Untere Grasersgasse 18.

Verlag für Geschichte und Politik, Wien, I., Singerstr. 12.

Verlag für Geschichte und Politik Wilhelm Cornides, Frankfurt (Main), Hauffstr. 5.

Verlag des Geschichtsvereins für Kärnten, Klagenfurt (Kärnten), Landesmuseum.

Verlag der Gesellschaft der Bibliophilen e. V., Hamburg; Sekretariat: Frankfurt (Main), Habsburger Allee 72.

Verlag der Gesellschaft der Freunde von Hans Heinrich Ehrler, Tübingen, Pfleghofstr. 4.

Verlag der Gesellschaft der Freunde des vaterländischen Schul- und Erziehungswesens e. V., Hamburg 13, Rothenbaumchaussee 15, II, Curiohaus.

Verlag der Gesellschaft für Natur und Technik, Wien, VII., Burggasse 26-32.

Verlag Giersen & Co., Düsseldorf, Linienstr. 133-135.

Verlag „Die Glashütte" Kurt Fahdt, Dresden A 20, Corinthstr. 1.

Verlag Glückauf G. m. b. H., Essen, Bismarckstr. 41.

Verlag Görres-Druckerei G. m. b. H., Koblenz, Gymnasialstr. 4-8.

Verlag „Goldene Worte", Gerhardt Schmid, Stuttgart-Sillenbuch, Gorch-Fock-Str. 15.

Verlag Gordian, Max Rieck, Hamburg 21, Stormsweg 6a.

Verlag der Gottfried Keller-Gesellschaft, Zürich 7, Gemeindestr. 4.

Verlag Der Gral, Gerhard Maerlender, Tübingen, Postf. 1.

Verlag „Gralswelt", Dr. Viktor Walter, Schwäbisch Gmünd, Türlensteg 37.

Verlag Alois Greger, Wien, IV., Klagbaumstr. 12.

Verlag Der Greif, Walther Gericke, Wiesbaden, Taunusstr. 4.

Verlag Charles Grieger, Hamburg-Altona, Kleine Freiheit 30-32.

Verlag Carl Griese, Hamburg 11, Deichstr. 32.

Verlag Helmuth Groh, Karlsruhe, s. **„Unser Dasein" Verlag Helmuth Groh.**

Verlag der Gutenberg-Gesellschaft, Mainz, Rheinallee 3 $^{3}/_{10}$.

Verlag Gutenberghaus Knittelfeld, Knittelfeld (Steiermark).

Verlag Haacke, C., Nordhausen, Kranichstr. 20.

Verlag Adolf Hafner, München-Pasing, Anton-Pichler-Str. 1.

Verlag Hamburger Novellen-Zeitung, Hamburg-Othmarschen, s. **Germer, Richard, Verlag Hamburger Novellen-Zeitung.**

Verlag der Hamburger Steuer- und Zoll-Nachrichten, Hamburg 39, Riststr. 2.

Verlag Hamburgische Bücherei, Hamburg 1, Ballindamm 12-13.

Verlag für Handel und Wirtschaft, Müller & Co., München 23, Karl-Theodor-Str. 29.

Verlag Handelsblatt G. m. b. H., Düsseldorf, Pressehaus, Martin-Luther-Platz.

Verlag Handelswerbung G. m. b. H., Nürnberg, Badstr. 4-6.

Verlag Handwerk und Technik, Hamburg 1, Ballindamm 26.

Verlag B. Haugg K. G., München 19, Lachner Str. 10.

Verlag Haus Altenberg G. m. b. H., Altenberg über Berg.-Gladbach; Düsseldorf 10, Prinz-Georg-Str. 44.

Verlag Haus Michaelsberg Dr. Hans Hümmeler, Siegburg, Postf.

Verlag Haus und Schule, Berlin, Bielefeld, jetzt: **Lettner-Verlag G. m. b. H.,** Berlin.

Verlag „Die Heimat", Ottweiler (Saar).

Verlag Heimat und Arbeit, Ruhmannsfelden (Bayer. Wald).

Verlag des Heimatpflegers von Schwaben, Kempten (Allgäu).

Verlag Die Heimkehr, Bremgarten b. Bern (Kt. Bern).

Verlag Henschel & Sohn, Berlin, s. **Henschelverlag Kunst und Gesellschaft G. m. b. H.**

Verlag Herold, Wien, s. **„Herold", Druck- und Verlagsgesellschaft m. b. H.**

Verlag Herz-Jesu-Missionshaus, Hiltrup (Westf.).

Verlag „Hessische Volksbücher", Darmstadt; Anschrift: Bischofsheim b. Mainz, Darmstädter Str. 6, [zu beziehen:] Carl Bindernagel, Friedberg (Hess.), Kaiserstr. 72.

Verlag der hessischen Kirchengeschichtlichen Vereinigung, Darmstadt, [zu beziehen:] Carl Bindernagel, Friedberg (Hessen), Kaiserstr. 72.

Verlag der Hessischen Lesebuch-Stiftung, Wiesbaden, Anschr.: Schlangenbad - Georgenborn, Am Erlenweg, Postf. 108.

Verlag der Historisch - antiquarischen Gesellschaft, Chur (Kt. Graubünden).

Verlag der Historischen u. Antiquarischen Gesellschaft, Basel, Martinsgasse 2.

Verlag der Historischen Vereinigung Seetal, Seengen (Kt. Aargau).

Verlag des Historischen Vereins, Dortmund, [zu beziehen:] Fr. W. Ruhfus, Dortmund, Königshof 21-37.

Verlag des Historischen Vereins von Oberbayern, München 13, Winzerer Str. 68.

Verlag Hoch- und Tiefbau, Zürich, Beethovenstr. 38.

Verlag Hohenlohesche Buchhandlung, Öhringen, s. **Hohenlohesche Buchhandlung Ferdinand Rau.**

Verlag Brüder Hollinek, Wien, s, **Gesellschaftsbuchdruckerei und Verlag Brüder Hollinek.**

Verlag A. M. Hontschik, Wien, II., Gredlerstr. 4.

Verlag R. Hostettler & H. Strehler, St. Gallen.

Verlag Josef C. Huber, Dießen vor München.

Verlag Humanitas G. m. b. H., Bielefeld, verlängerte Kriemhildstr. 41.

Verlag „Der Hundesport", Düsseldorf-Hösel, Am Pannschoppen 26.

Verlag der Jaegerschen Buchdruckerei G.m.b.H., Speyer, s. **Jaeger'sche Buchdruckerei G.m.b.H.**

Verlag der Jean-Paul-Buchhandlung, Bayreuth, s. **Jean-Paul-Buchhandlung Bayreuth G.m.b.H.**

Verlag „Die Imme", Lüdenscheid (Westf.), Wilhelmstr. 37a.

Verlag der Internationalen Bibliothek, Freiburg (Br.), s. **Internationale Bibliothek, Verlag Wilhelm Dreecken.**

Verlag der Internationalen Bibliothek bei M. Schauenburg, Lahr, s. **Schauenburg K. G., Moritz.**

Verlag der Internationalen Freien Akademie, Bad Kreuznach, Heinrichstr. 5.

Verlag für internationales Versicherungswesen, Wien, s. **Assecuranz-Compass, Verlag für Internationales Versicherungswesen.**

Verlag der Internenpräfektur, Einsiedeln (Kt. Schwyz).

Verlag Jugend und Sport, Aßmannshausen (Rhein).

Verlag Jugend und Volk, Hildesheim, Kalenberger Graben 3.

Verlag für Jugend und Volk, G. m. b. H., Wien, I., Tiefer Graben 7.

Verlag „Jungbrunnen", Wien, XVI., Schumeierplatz 17.

Verlag „Der Jungbuchhandel" Hans Schulte, Köln-Dellbrück, Berg. Gladbacher Str. 983.

Verlag „Die junge Dame", Wien, II., Nordbahnstr. 28, (erloschen).

Verlag „Junge Gemeinde", E. Schwinghammer K. G., Stuttgart, Calwer Str. 16b.

Verlag Junge Kirche, Bund evangel. Jugend der Schweiz, Zürich, Hornbachstr. 33.

Verlag Junge Musik B. Schott's Söhne, Mainz, Weihergarten 7.

Verlag „Junge Welt", Stocky & Hörhager, Opladen, Düsseldorfer Str. 45, Postf.

Verlag „Junges Volk", Schöningen (Brschw.), Elmstr. 1.

Verlag Kantonaler Lehrerverein, St. Gallen.

Verlag Der Kartoffelbau, Hamburg 11, Kattrepelsbrücke 1.

Verlag Joh. Kasper & Co., Köln, Ubierring 47.

Verlag Katholisches Bibelwerk G. m. b. H., Stuttgart-Bad Cannstadt, Waiblinger Str. 27.

Verlag Dr. J. Kauf, Wien, I., Tuchlauben 14.

Verlag Toja Keppler & Cie., Wien, I., Seilergasse 9.

Verlag O. Kerry, Wien, VIII./89, Auhofstr. 11.

Verlag Eugen Ketterl, Wien, XVIII., Anastasius-Grün-Gasse 43.

Verlag Kieler Druckerei, Kiel, Bergstr. 9-13.

Verlag Kiepenheuer, Witsch & Co. G. m. b. H., Köln, Hansaring 43.

Verlag „Kirche und Mann", Gütersloh, Moltkestr. 12, Postf. 395.

Verlag Kirchheim & Co., G. m. b. H., Mainz, Rheinallee 1³/₁₀.

Verlag Otto Erich Kleine, Braunschweig, Burgplatz 1.

Verlag „Kleine Kinder" Dr. Piorkowski o. H. G., Lindau (Bodensee), Hochbucherweg 45.

Verlag Kleiner Schriften, Wangen b. Olten (Kt. Solothurn).

Verlag für Kleintierzucht, Dortmund, Plettenbergstr. 2½.

Verlag Julius Klinkhardt, Bad Heilbrunn (Obb.).

Verlag Fritz Knapp, G. m. b. H., Frankfurt (Main), Neue Mainzer Str. 75.

Verlag Josef Knecht-Carolusdruckerei, Frankfurt (Main), Schifferstr. 98.

Verlag des Kölnischen Geschichtsvereins, Köln, Gereonskloster 12.

Verlag Heinzwolf Kölzig, Düsseldorf, Stockkampstr. 48.

Verlag „Königsteiner Rufe", Königstein (Taunus), Dingweg 3.

Verlag für Körperkultur und Sport (Ed. C. C. F. S.), Bukarest, Strada Vasile Alecsandri 6.

Verlag Kommentator, Frankfurt (Main), s. **Kommentator G. m. b. H.**

Verlag Konkordia, Bühl (Bad.), s. **Konkordia A. G. für Druck und Verlag.**

Verlag H. A. Kraus K. G., „Pegasus-Verlag", Salzburg, Schwarzstr. 21.

Verlag Karl Krauth, Bad Gastein (Salzburg).

Verlag Kremayr und Scheriau, Wien, VII., Burggasse 69.

Verlag Kultur und Fortschritt G. m. b. H., Berlin W 8, Taubenstr. 10.

Verlag Kulturelle Presse, Peking (China), Postf. 6.

Verlag Die Kulturgemeinde, St. Ingbert (Saar), Postf. 28.

VEB Verlag der Kunst, Dresden A 21, Kipsdorfer Str. 93.

Verlag „Kunst ins Volk", Wien, I., Karlsplatz 5.

Verlag „Kunst und Volk", Zürich, Rebbergstr. 43.

Verlag für Kunst und Wissenschaft, Bruno Grimm, Baden-Baden, jetzt: Mainz, Heidelbergerfaßgasse 15.

Verlag des kunstgeschichtlichen Seminars der Universität Marburg, Marburg (Lahn), Wolffstr.

Verlag Luitpold Lang, München 12, Theresienhöhe 10.

Verlag der Langenscheidt-Sprachwerke, Berlin-Schöneberg, s. **Langenscheidt K. G.**

Verlag „Der Lebensborn" Walter Beck, Hünibach b. Thun (Kt. Bern), Parkweg 478.

Verlag Leemann, Zürich, s. **Leemann A. G.**

Verlag der Leipziger Bienenzeitung, Leipzig, s. **Leipziger Bienenzeitung Liedloff, Loth & Michaelis.**

Verlag Der Leuchter, Darmstadt, s. **Reichl, Otto, Verlag Der Leuchter.**

Verlag Julius Lichtner, Wien, VIII., Strozzigasse 41.

Verlag P. Linden, Luxemburg, Großstr. 50.

Verlag für Literatur, Kunst und Wissenschaft, Wien, s. **Cerny, Rudolf, Verlag für Literatur, Kunst und Wissenschaft.**

Verlag Litzinger und Haufellner, München 22, Herzog-Rudolf-Str. 1.

Verlag Der Löwe, Dr. Hans Reykers, Köln-Braunsfeld, Erkelenzer Str. 4.

Verlag Fritz Loewe, Leoben (Steiermark), Kärntner Str. 43.

Verlag G. Lühmann, Hamburg-Harburg 1, Sand 23-25.

Verlag „Die Lupe", Dr. Gerhard Isert, Düsseldorf 1, Bunsenstr. 4, Postf. 668.

Verlag August Lutzeyer, Frankfurt (Main), Elefantengasse 10; Bonn, Schloßstr. 8.

Verlag Sebastian Lux, Murnau (Obb.), Seidlpark, Postf. 21.

Verlag „LVB - Der Freundeskreis", Luxemburg.

Verlag J. Mader, E. Mänhardt's Nachf., Gmunden (Oböstеrr.), Rathausplatz 1.

Verlag des Main-Echo, Kirsch & Co. G. m. b. H., Aschaffenburg, Pfaffengasse 11.

Verlag Manz & Lange G. m. b. H., Bremen-Lesum, Admiral-Brommy-Weg 2.

Verlag „Mathäus Merian", Basel, Schlettstadter Str. 4.

Verlag „Der Mechaniker", Bremen, Bismarckstr. 137.

Verlag für Medizin und Naturwissenschaften K. G., Aulendorf (Württ.), s. **Editio Cantor Verlag für Medizin und Naturwissenschaften K. G.**

Verlag für medizinische Wissenschaften Wilhelm Maudrich, Wien, s. **Maudrich, Wilhelm, Medizinischer Verlag.**

Verlag „Mehr Licht", Linz (Donau), Gruberstr. 27.

Verlag Mein Roman Otto Melchert, Hamburg-Wandsbek, s. **Verlag Otto Melchert.**

Verlag Otto Melchert, Hamburg-Wandsbek, Goethestr. 65.

Verlag Dr. Elisabeth Mensa, Wien, VIII., Kochgasse 7.

Verlag Mensch und Arbeit G. m. b. H., Zürich, Bahnhofstr. 82-84.

Verlag Mensch und Leben, Maria Bock, Memmingen (Allgäu), Hindenburgstr. 39.

Verlag Merseburger K. G., Berlin-Steglitz, Beymestr. 8.

Verlag des Missionshauses Bethlehem, Immensee (Kt. Schwyz).

Verlag „Der Möbelspediteur", Lübeck, s. **Brandeis, Werner, Verlag „Der Möbelspediteur".**

Verlag Ulrich Moser, Graz (Steiermark), Schönaugasse 64.

Verlag Motor-Rundschau, Stuttgart, s. **Verlag der Motor-Rundschau, im Umschau Verlag K. G.,** Frankfurt (Main).

Verlag der Motor-Rundschau, im Umschau Verlag K. G., Frankfurt (Main), Stuttgarter Str. 20-22.

Verlag Paul Müller, München, s. **Buchdruckerei und Verlag Paul Müller.**

Verlag Reinhold A. Müller, Stuttgart W, Gaußstr. 12.

Verlag Wolf Nagel, Hanau, s. **Kuwe Werbebüro und Verlag Wolf Nagel.**

Verlag der Nation, Berlin C 2, Magazinstr. 15-16.

Verlag Naturkunde, Hannover - Herrenhausen, Malortiestr. 18; Berlin-Zehlendorf, Machnower Str. 37.

Verlag Johann Wilhelm Naumann, Augsburg, Holbeinstr. 12.

Verlag Günther Neske, Pfullingen, Kloster.

Verlag „Die Neue Furche", Stuttgart W, Markelstr. 3.

Verlag Neue Kultur A. G., Dr. W. Jacky, Zürich, Schönbühlstr. 15.

Verlag „Neue Romanwoche", Gmunden, Rathausplatz 2.

Verlag „Der neue Scholar", Soest (Westf.).

Verlag „Neue Technik", Stephan Szénásy, Wien, IX., Frankgasse 4.

Verlag Die Neue Zeit Eduard Fankhauser, Zielbrücke-Thielle (Kt. Bern).

Verlag Neues Europa, Zürich, s. **Frey A. G., Jean.**

Verlag „Neues Leben" G. m. b. H., Berlin W 8, Markgrafenstr. 30.

Verlag Josef Neuf, Wien, VIII., Bennogasse 23.

Verlag Neuhauser Schreibmappe, Neuhausen (Kt. Schaffhausen).

Verlag J. Neumann-Neudamm G. m. b. H., Melsungen (Bez. Kassel), Sandstr. 17.

Verlag J. Nietlisbach, Luzern, Haldenstr. 5.

Verlag Arthur Niggli und Willy Verkauf G. m. b. H., Bregenz, Angelika-Kauffmann-Str. 3; Wien, I., Singerstr. 12.

Verlag Nürnberger Presse G. m. b. H., Nürnberg, Marienplatz 5.

Verlag „Öffentliches Leben" G. m. b. H., Hamburg 1, Speersort 1 (Pressehaus).

Verlag Friedrich Oelschläger, Gerlingen b. Stuttgart, Bopserwaldstr. 20.

Verlag Österreichische Musikzeitschrift, Wien, IX., Währinger Str. 22.

Verlag des Österreichischen Alpenklubs, Wien, VI., Getreidemarkt 3.

Verlag der Österreichischen Bergsteiger-Zeitung, Wien, VII., Richtergasse 4.

Verlag der Österreichischen Dentisten-Zeitschrift, Wien, IV., Wiedner Hauptstr. 12.

Verlag des Österreichischen Gewerkschaftsbundes, Friedrich Klenner & Co., Wien, I., Hohenstaufengasse 10.

Verlag der Österreichischen Staatsdruckerei, Wien, III., Rennweg 16.

Verlag Organisator A. G., Zürich, In der Hub 4.

Verlag „Orient Mercur", Köln-Deutz, Postf. 13.

Verlag der Palme, Innsbruck-Mühlau, Kirchgasse 25.

Verlag der Parma-Edition, Mathilde Beier & Co. K. G., Frankfurt (Main), Eschersheimer Landstr. 5-7.

Verlag Passavia, Passau, Steinweg 8.

Verlag Adalbert Pechan, Wien, VIII., Lerchenfelder Str. 50.

Verlag Kurt H. Pelzer, Düsseldorf-Gerresheim, Lakronstr. 57.

Verlag Fr. Peters, Hilden (Rhld).

Verlag der Pfälzerischen Gesellschaft zur Förderung der Wissenschaften, Speyer, Historisches Museum.

Verlag Fritz Pfenningstorff, Berlin-Lichterfelde 1, Herwarthstr. 3; Stuttgart, Relenbergstr. 72.

Verlag „Der Pflug", Julius Nüffgens, Angermund (Bez. Düsseldorf), Hindenburgstr. 3.

Verlag des Philologen-Jahrbuches, Köln, Riehler Str. 34.

Verlag Dr. Piorkowski, Lindau (Bodensee), s. **Verlag „Kleine Kinder" Dr. Piorkowski o. H. G.**

Verlag für Planung und Aufbau, Gräfelfing b. München.

Verlag S. Poetzelberger, Merano, Piazza del Duomo 1.

Verlag für polizeiliches Fachschrifttum Georg Schmidt-Römhild, Lübeck, Mèngstr. 16.

Verlag Polizei-Rundschau G. m. b. H., Lübeck, Klingenberg 8.

Verlag Albert Pröpster, Kempten (Allgäu), Schillerstr. 46, Postf. 148.

Verlag Pro Juventute, Zürich, Seefeldstr. 8.

Verlag Arthur Prost, Coburg, Heiligkreuzstr. 12.

Verlag Prudentia, Berlin W 15, Lietzenburger Str. 15.

Verlag Psyche, Berlin-Zehlendorf, Am Hegewinkel 118.

Verlag für Publizistik G. m. b. H., Bonn, Kaiserstr. 1 b.

Verlag Pulewka, Obermenzing (Obb.).

Verlag „Die Pyramide" H. Pacher, Innsbruck, Burggraben 31.

Verlag Rabenstein, Salzburg, Faberstr. 15, s. a. **Rabenstein-Verlag**, Salzburg.

Verlag für Radio-Foto-Kinotechnik G. m. b. H., Berlin - Borsigwalde, Eichborndamm 141—167.

Verlag „Radio Service", Basel 2, Postf. 13549.

Verlag der Rathaus-Buchhandlung G. m. b. H., Lindau, s. **Rathausbuchhandlung Lindau G. m. b. H.**

Verlag Ing. Emil Ratzenhofer, Wien, III., Radetzkystr. 14.

Verlag der Reallehrer-Konferenz des Kantons Zürich, J. Frei, Winterthur (Kt. Zürich), Zielstr. 15.

Verlag für Rechnungswesen und Organisation G. m. b. H., Frankfurt (Main), Junghofstr. 5, Postf. 1026.

Verlag für Recht und Gesellschaft A. G., Basel, Aeschengraben 27.

Verlag für Rechtswissenschaft, vorm. Franz Vahlen G. m. b. H., Berlin-Lichterfelde W., Malvenstr. 12; s. a. **Verlag Franz Vahlen G. m. b. H.**

Verlag für Rechts- und Wirtschaftswissenschaft H. Freymark o. H. G., Hildesheim, Kaiser-Friedrich-Str. 5.

Verlag „Reformierte Schweiz", Zürich, Löwenstr. 17.

Verlag der Reform-Rundschau, Schwabe & Co., Frankfurt (Main), Zeil 15.

Verlag für Reichssteuer-Tabellen, München, Postf. 248.

Verlag Dr. Reinhard, Köln-Stammheim.

Verlag der religiösen Bildungsarbeit, Stuttgart S, Finkenstr. 38 u. Möhringer Str. 87 B.

Verlag der Rheinischen Missions-Gesellschaft, Wuppertal-Barmen, Rudolfstr. 137-139.

Verlag der Rheintaler Volkszeitung, Altstätten (Kt. St. Gallen).

Verlag Hermann Rinn G. m. b. H., München 2, Wittelsbacher Platz 2, Postf.

Verlag Alfred Röper, o. H. G., Hamburg 11, Holzbrücke 8.

Verlag Christoph von der Ropp, Hamburg 1, Gertrudenstr. 14.

Verlag der Rumänischen Arbeiterpartei (Ed. P. M. R.), Bukarest, Bul. Republici 32.

Verlag Rupertuswerk, Erzabtei St. Peter, Salzburg, St. Peter-Bezirk.

Verlag des SAC (Schweizer-Alpen-Club), Kriens (Kt. Luzern).

Verlag Otto Sachsenhauser, München 23, Victor-Scheffel-Str. 23.

Verlag „Sanitäre Technik", Düsseldorf, s. **Technischer Verlag „Sanitäre Technik", A. Krammer & Co.**

Verlag St. Andreas, Krefeld-Traar, Maria-Sohmann-Str. 45.

Verlag Sankt Georg, Düsseldorf, jetzt: Neuß (Rhein), Krefelder Str. 15.

Verlag der St. Petrus Claver-Sodalität, Zug (Schweiz).

Verlag des Sankt-Stepan-Vereins, Budapest, VIII., Szent-királyi-u. 28.

Verlag Schaffende Jugend G. m. b. H., Hannover, jetzt: Bonn, Dottendorfer Str. 168.

Verlag Felix Schapira, Wien, VI., Haydngasse 3.

Verlag Friedrich-Karl Schattauer, Stuttgart-Feuerbach, Heilbronner Str. 384.

Verlag Heinrich Scheffler G. m. b. H., Frankfurt (Main), Habsburger Allee 91.

Verlag Schiffahrt und Weltverkehr A. G., Basel, Blumenrain 12.

Verlag Karl Schillinger, Freiburg (Br.).

Verlag Dr. Otto Schmidt K. G., Köln, Hohenzollernring 78.

Verlag J. Schnellsche Buchhandlung (C. Leopold), Warendorf (Westf.).

Verlag Schnell & Steiner, München 42, Von-der-Pforten-Str. 15.

Verlag für schöne Wissenschaften, Dornach (Kt. Solothurn).

Verlag für Schöne Wissenschaften Dr. Friedrich Kempter, Engelberg (Württ.).

Verlag „Die Schönen Bücher" Dr. Wolf Strache, Stuttgart, Ossietzkystr. 6, Postf. 1124.

Verlag Schöningh, Würzburg, s. **Schöningh Verlag, Ferdinand.**

Verlag Dr. Paul Schöps, Frankfurt (Main), Mainzer Landstr. 91; Berlin-Charlottenburg 2, Knesebeckstr. 75.

Verlag der Schulbrüder, Kirnach-Villingen (Bad.).

Verlag der Schul- und Büromaterialverwaltung der Stadt Zürich, Zürich.

Verlag Schulte-Bulmke, Frankfurt (Main)-Süd 10, Burnitzstr. 6.

Verlag Dr. Wilmar Schwabe, Leipzig O 29, Breitingstr. 54—56.

Verlag der Schwäbischen Forschungsgemeinschaft, Augsburg, Gesundbrunnenstr. 17/0.

Verlag des Schwaneberger Album, Leipzig, jetzt: **Lipsia Philatelistische Verlagsgemeinschaft**, Leipzig C 1, Markgrafenstr. 2.

Verlag des Schwaneberger Album Eugen Berlin G. m. b. H., München 5, Angertorstr. 2.

Verlag Schweiger & Pick, Celle, Hindenburgstr. 1—2.

Verlag des Schweizerischen Bäcker- und Konditorenmeisterverbandes, Bern, Seilerstr. 9.

Verlag des Schweizerischen Buchhändler- und Verlegervereins, Zürich 8, Seefeldstr. 35.

Verlag der schweizerischen Häuteschäden-Kommission, Zürich.

Verlag des Schweizerischen Handelsamtblattes, Bern, Laupenstr. 25.

Verlag des Schweizerischen kaufmännischen Vereins, Zürich, Talacker 34.

Verlag des Schweizerischen reformierten Diakonenhauses, Greifensee (Kt. Zürich).

Verlag Schweizerischer Blindenfreund-Kalender, Bern, Viktoriarain 16.

Verlag Schweizerischer Verein für Volksgesundheit, Zürich, Talacker 50.

Verlag der Schweizer Volks-Buchgemeinde, Luzern.

Verlag Burkhard Schwenzke, Mannheim 1, Mollstr. 27, Postf. 142.

Verlag Schwinn & Helène K. G., Darmstadt, Büchnerstr. 19.

Verlag E. A. Seemann, Köln-Sülz, Neuenhöfer Allee 17.

Verlag für Selbstschutz und Selbsthilfe, Düsseldorf, Graf-Adolf-Str. 74.

Verlag A. Sexl, Wien, I., Dr. Karl Lueger-Ring 6.

Verlag für Sexual-Literatur F. Decker, Decker-Verlag, Regensburg, Bahnhofstr. 17.

Verlag „Das Silberboot", Salzburg, s. **„Silberboot, Das".**

Verlag Silberburg G. m. b. H., Stuttgart S, Olgastr. 42.

Verlag „Der Silberstreifen", Stuttgart S, Alexanderstr. 24, Postf. 18.

Verlag Sonne und Schild Gerda Zottmaier, Wuppertal-Vohwinkel, Buchenhofener Str. 23—25.

Verlag Soziale Welt, Dortmund, Am Knappenberg 138.

Verlag für Sozialwissenschaften, Frankfurt (Main), Frauenhofstr. 33; Berlin - Charlottenburg 5, Dernburgstr. 15.

Verlag Dr. Wilhelm Spael K. G., Essen-Bredeney, Holunderweg 15.

Verlag für Sport und Leibesübungen Harry Bartels, Berlin - Charlottenburg, Fritschestr. 27—28.

Verlag des „Sprechsaal" Müller & Schmidt, Coburg, Mauer 2.

Verlag der Stadtbibliothek, Worms.

Verlag Stahleisen m. b. H., Düsseldorf, Breite Str. 27.

Verlag Karl Stamm, Düsseldorf, Graf-Adolf-Str. 92.

Verlag für Standesamtswesen G. m. b. H., Frankfurt (Main), Hebelstr. 17.

Verlag der Steiermärkischen Landesdruckerei, Graz (Steiermark), Postf. 346.

Verlag Wilhelm Steinebach, München 15, Landwehrstr. 5.

Verlag der Rudolf Steiner-Nachlaßverwaltung, Dornach (Kt. Solothurn).

Verlag der Th. Steinmetz'schen Buchhandlung, Offenbach (Main), Frankfurter Str. 37.

Verlag Otto Sternefeld, Düsseldorf, s. **Leder- und Schuh - Kurier Verlag Otto Sternefeld G. m. b. H.**

Verlag der Steuertarife K. G., P. Wachsmann, M.-Gladbach, Margarethenstr. 24.

Verlag Stiasny, Graz, s. **Stiasnys' Söhne.**

Verlag Eberhard Stichnote, Hamburg 13, Mittelweg 15.

Verlag Eduard Stichnote, Potsdam, jetzt: **Stichnote Verlag G. m. b. H.**, Darmstadt.

Verlag der Stiftsbuchhandlung St. Florian, St. Florian b. Linz (Donau), Nr. 1.

Verlag Stiftung Seelsorge Eigenthal, Luzern, Hirschmattstr. 11.

Verlag Leopold Stocker, Graz, s. **Stocker Verlag.**

Verlag Sudetendeutscher Bildkalender, München 15, Postf.

Verlag der Süddeutschen Molkerei-Zeitung, Kempten (Allgäu), in: **Volkswirtschaftlicher Verlag**, Kempten (Allgäu).

Verlag Tägliche Rundschau, Berlin NO 18, Am Friedrichshain 22.

Verlag Technik, jetzt VEB **Verlag Technik**, Berlin NW 7, Unter den Linden 12.

Verlag für Technik und Wirtschaft, Mainz, Bastion Martin 16.

Verlag Walter Teigeler G. m. b. H., Hamburg 39, Gellertstr. 4.

Verlag H. Thali & Cie., Hitzkirch (Kt. Luzern).

Verlag Robert P. Thiesen K.G., Bad Dürkheim, Hammelsthalstr. 76.

Verlag der Tiroler Graphik, Innsbruck, s. **Tiroler Graphik G. m. b. H.**

Verlag der Trajanus-Presse, Frankfurt (Main)-Süd, Hedderichstr. 106-114.

Verlag Rudolf Traunau, Wels (Oböstierr.), Mozartstr. 43.

Verlag „Der Trichter", Berlin W 30, Eisenacher Str. 2.

Verlag Carl Ueberreuter (Carl Ueberreutersche Buchdruckerei und Schriftgießerei M. Salzer), Wien, IX., Alserstr. 24; Heidelberg, Wilhelmstr. 9.

Verlag Uebersee-Post, Nürnberg, s. **Übersee-Post, Verlag Hermann E. Reisner K. G.**

Verlag Ullstein & Co., G. m. b. H., Wien, I., Rosenbursenstr. 8.

Verlag des Ungarischen Naturwissenschaftlichen Museums, Budapest.

Verlag der Universitätsbibliothek, Basel, Universität.

Verlag Urachhaus, Stuttgart 13, Urachstr. 41.

Verlag Franz Vahlen G. m. b. H., Berlin-Lichterfelde-W., Malvenstr. 12; Frankfurt (Main), Neue Mainzer-Str. 56.

Verlag des Vereins für Nassauische Altertumskunde und Geschichtsforschung, Wiesbaden, Nassauische Landesbibliothek, Rheinstr. 55-57.

Verlag Willy Verkauf, Wien, IV., Schwindgasse 10; St. Gallen, Kornhausstr. 28.

Verlag für Verwaltungspraxis Franz Rehm, München 5, Rumfordstr. 34.

Verlag P. Vink, Weidesheim (Kr. Euskirchen), Kuchenheimer Str. 66.

Verlag Visarius, Recklinghausen.

Verlag „Volk und Heimat", München 15, Schubertstr. 2.

Verlag Volk und Welt G. m. b. H., Berlin W 8, Taubenstr. 1—2.

Verlag „Volk und Zeit", Karlsruhe, Waldstr. 28.

Verlag für Volksmission Robert Bechauf, Bielefeld, Siechenmarschstr. 45.

Verlag Volkssolidarität G. m. b. H., Leipzig C 1, Wiesenstr. 8.

Verlag für Volkswohlfahrt Erich W. Deleiter, Staufen (Br.).

Verlag A. Vollmer, Münster (Westf.), Goldstr. 36.

Verlag „Vor dem Tor", Basel.

Verlag Die Wage, Karl H. Silomon, Inh. Fritz Langour, Murnau (Obb.), Schloßbergstr. 273, Postf. 15.

Verlag Eugen Wahl, Stuttgart O, Urbanstr. 35.

Verlag Waisenhaus-Buchdruckerei Braunschweig, Braunschweig, Hinter Liebfrauen 1a.

Verlag Otto Walter A. G., Olten (Kt. Solothurn), Amthausquai 23; Freiburg (Br.), Goethestr. 41.

Verlag „Die Weberei", Bocholt (Westf.), Hemdener Str. 15.

Verlag Welge, Wilhelmshaven, Kieler Str. 25.

Verlag „Welsermühl", Wels (Oböstierr.), Maria-Theresia-Str. 41.

Verlag „Westdeutsche Schneiderzeitung" G. m. b. H., Düsseldorf, Schadowstr. 69.

Verlag der Wiener Ärztekammer, Wien, I., Weihburggasse 10—12.

Verlag des Wiener Goethe-Vereins, Wien, IX., Liechtensteinstr. 11.

Verlag des Wiener Kurier, Wien, VII., Seidengasse 3—11.

Verlag der Wiener Volksbuchhandlung, Julius Deutsch & Co., Wien, V., Rechte Wienzeile 97.

Verlag Die Wirtschaft G. m. b. H., Berlin W 8, Französische Str. 55.

Verlag für Wirtschaft und Kultur, Salzburg, s. **Salzburger Verlag für Wirtschaft und Kultur.**

Verlag Wirtschaft und Werbung, Essen, Jägerstr. 23—25.

Verlag „Wirtschafts-Correspondent", Hamburg 36, Gänsemarkt 21—26.

Verlag für Wirtschaftsliteratur G. m. b. H., Zürich, Burstwiesenstr. 53.

Verlag für Wirtschaftspraxis, Frankfurt (Main), Freiherr-vom-Stein-Str. 7.

Verlag Wirtschaftsrechtliche Informationsblätter, Berlin-Charlottenburg 9, Reichsstr. 4.

Verlag für Wirtschaftsschrifttum Otto K. Krausskopf, Wiesbaden, Bahnhofstr. 61, Postf. 919.

Verlag für Wirtschaftswissenschaft Kronenberger & Brinkmann, Mainz, Adelungstr. 38.

Verlag Wissen und Fortschritt, Bern, Murtenstr. 20.

Verlag für Wissenschaft und Fachbuch G. m. b. H., Bielefeld, Herforder Str. 28.

Verlag für Wissenschaft und Praxis, Stuttgart 13, Rotenbergstr. 8.

Verlag Witoba, Haslach im Kinz.

Verlag Wörterbuch der Berufsbezeichnungen, Groß-Denkte üb. Wolfenbüttel.
Ausl.: **Grenzland-Druckerei Rock & Co.**, Groß-Denkte.

Verlag der Wolfsbergdrucke, Zürich.

Verlag P. Worré-Mertens, Letzeburg (Luxemburg), Pasteurstr. 31.

Verlag Wort und Werk G. m. b. H., Köln, Weyerstr. 98.

Verlag Wrba, Lisa K., Wien, I., Lobkowitzplatz 1.

Verlag „Zahnärztliche Welt" G. m. b. H., Konstanz, Rosgartenstr. 18, Postf. 280.

Verlag der Zeitschrift „Aktion", Frankfurt (Main), Vilbeler Str. 31.

Verlag der Zeitschrift für das gesamte Kreditwesen, Frankfurt (Main), Neue Mainzer Str. 75.

Verlag Zentralverband deutscher Konsumgenossenschaften, Hamburg 1, An der Alster 57-61.

Verlag der „Zürichsee-Zeitung", Stäfa (Kt. Zürich).

Verlag und Anzeigenverwaltung Carl Gabler, München 1, Theatinerstr. 49.

Verlag und Buchdruckerei Otto Schwartz & Co., Göttingen, Weender Landstr. 59.

Verlag und Druckerei Karl Schahl, Lörrach-Stetten, Tullastr. 8.

Verlags-A. G. „Die Arche", Zürich, Susenbergstr. 63.

Verlagsanstalt Benziger & Co. A. G., Einsiedeln (Kt. Schwyz); Zürich, Weinplatz 10; Köln, Martinstr. 20.

Verlagsanstalt Hermann Klemm, Freiburg (Br.), Hauptstr. 75.

Verlagsanstalt Alexander Koch G. m. b. H., Stuttgart S, Hauptstätter Str. 87.

Verlagsanstalt Bruno Leuchtenberger & Co., Aeschach, Langenweg 47.

Verlagsanstalt vorm. G. J. Manz A. G., München 8, Rosenheimer Str. 145.

Verlagsanstalt Felix Post G. m. b. H., Gelsenkirchen-Buer, Hagenstr. 24.

Verlagsanstalt Rheinhausen, Rheinhausen-Hochhemmerich, Krefelder Str. 27.

Verlagsanstalt Tyrolia A. G., Innsbruck, Andreas-Hofer-Str. 4.

Verlagsanstalt Waldstatt, Einsiedeln (Kt. Schwyz).

Verlagsanstalt und Buchdruckerei Konkordia, Winterthur (Kt. Zürich), Rudolfstr. 19.

Verlagsbuchhandlung Bethel, Dirk Dolman & Co., K. G., Hamburg 22, Gluckstr. 53.

Verlagsbuchhandlung Julius Breitschopf, jun., Wien, IX., Nußdorfer Str. 62.

Verlagsbuchhandlung Erich Herzog, Goslar, Mauerstr. 2b.

Verlagsbuchhandlung des Instituts der Wirtschaftsprüfer G. m. b. H., Düsseldorf, Cecilienallee 36.

Verlagsbuchhandlung „Merkur", Graz, Gleisdorfer Gasse 3.

Verlagsbuchhandlung „Natur und Technik", Wien, VII., Burggasse 26.

Verlagsbuchhandlung Franz Reisinger, Wels (Oböster.), Salzburger Str. 52.

Verlagsdruckerei Philipp Rauscher, München, Fliegenstr. 1-3.

Verlagsgemeinschaft „Stifterbibliothek", Braumüller, Wien, s. **Braumüller, Wilhelm, Universitäts-Verlagsbuchhandlung.**

Verlagsgenossenschaft Freies Volk, Bern, Effingerstr. 35.

Verlagsgesellschaft deutscher Konsumgenossenschaften m. b. H., Hamburg 1, An der Alster 57-61.

Verlags-G. m. b. H. Walter Dorn, Hannover, s. **Adreßbuch der Hauptstadt Hannover Verlags-G. m. b. H. Walter Dorn.**

Verlagsgesellschaft R. Glöß & Co. K. G., Hamburg-Altona, Allee 87.

Verlagsgesellschaft Klie & Co., Hann.-Münden, Haus Schützeneck.

Verlagsgesellschaft Land und Garten A. Madsack & Co., Hannover, Goseriede 5-6.

Verlagsgesellschaft Rudolf Müller, Oldenburg (Oldb.), jetzt: Köln - Braunsfeld, Maarweg 130; Hamburg 1, Marschländer Str. 11, Postf. 754.

Verlagsgesellschaft Niederdeutsche Stimmen m. b. H., Hannover, Marienstr. 30.

Verlagsgesellschaft „Recht und Wirtschaft" m. b. H., Heidelberg, Hauptstr. 45, Postf. 466.

Verlags- und Wirtschafts-Gesellschaft der Elektrizitätswerke, Frankfurt (Main), Bockenheimer Anlage 109.

Verlagshandlung der Anstalt Bethel, Bethel b. Bielefeld.

Verlagshaus Bong & Co., München 2 BS, Sendlinger Str. 80.

Verlagshaus Frankfurter Societäts-Druckerei, Frankfurt (Main), Mainzer Landstr. 196.

Verlagshaus Reutlingen Oertel & Spörer K. G., Reutlingen, Burgstr. 3-7.

Verlagshaus Sponholz G. m. b. H., Frankfurt (Main), Neue Mainzer Str. 14-16; Berlin-Schöneberg, Martin-Luther-Str. 45.

Verlagshaus Christian Wolf G. m. b. H., Flensburg-Mürwick, Twedterholz 10; Hamburg 13, Bundesstr. 89.

Verlagsvereinigung Zeitdienst, Zürich 38, Postf.

Versluys' Uitgevers-Maatschappij, N. V. W., Amsterdam, 2e, Oosterparkstraat 221-223.

Vertriebsstelle und Verlag Deutscher Bühnenschriftsteller und Bühnenkomponisten, Bad Kissingen, Rooseveltstr. 12.

Veste Verlag, Coburg, Herrngasse 4.

Vetter, J., Thun (Kt. Bern), Seestr. 26.

Victoria-Verlag, Helene Poech, Wien, VII., Seidengasse 32.

Viehhandelsverlags-G. m. b. H., Garmisch-Partenkirchen, jetzt: München 15, Zenettistr. 3c.

Vienerius, Josef, Münster (Westf.), Hammerstr. 155a.

Vier-Falken-Verlag, Berchtesgaden, ([Düsseldorf], erloschen).

Vier Tannen Verlag, Schneider & Co., Augsburg, jetzt: **Schneider Verlag G. m. b. H., Franz,** München 22, Königinstr. 25.

Vier-Türme-Verlag Abtei Münsterschwarzach, Münsterschwarzach üb. Kitzingen, Abtei.

Vieweg & Sohn, Friedrich, Braunschweig, Burgplatz 1.

Vincentz-Verlag, Curt R., Hannover, Am Schiffgraben 41, Postf. 8.

Vineta-Verlag A. G., Basel, Lange Gasse 8; Lausanne, Bd. de la Forêt 1.

Vink, P., Weidesheim, s. **Verlag P. Vink.**

Visarius, Recklinghausen, s. **Verlag Visarius.**

Vision Press, Ltd., London W. 1, Callard House, 74a Regent Street.

Vita Verlag Otto Lautenbach, Ziegelhausen b. Heidelberg, Hauptstr. 6.

VOB, s. **Eigenname des Verlages.**

Vobach & Co., Berlin W 15, Kurfürstendamm 219.

V. O. B. O.-Uitgaven, Gent (Belgien), Savaenstraat 27.

Vogel-Verlag G. m. b. H., Coburg, Sonntagsanger 1.

Vogel, Heinrich, München 2, Kreuzstr. 29.

Vogel, W., Winterthur (Kt. Zürich), Marktgasse 41.

Voggenreiter Verlag, Bad Godesberg-Mehlem, Siegfriedstr. 2.

Voigt, Bernhard Friedrich, Leipzig N 22, Fritz-Seger-Str. 12.

Volckmann Nachf. E. Wette, C. J. E., Düsseldorf 10, Feldstr. 83.

Volk und Buch Verlag G. m. b. H., Leipzig C 1 (erloschen), aufgegangen in: **VEB Bibliographisches Institut** (Abt. Länder- u. Völkerkunde, Sammlung Volk und Buch), Leipzig.

Volk und Wissen, Berlin C 2, Oberwasserstr. 11-12; Leipzig S 3, Arno-Nitzsche-Str. 19.

Volk, Johannes, Aachen, Pontstr. 135.

Volk-Verlag, Arno, Köln, Klettenberg-Gürtel 31.

Volker-Verlag G. m. b. H., Köln, Marzellenstr. 35-43.

Volksbildungsheim St. Martin, Graz-Strassgang, Schloß St. Martin.

Volksblatt-Verlag A. Herbelsheimer & Co., K. G., Euskirchen, Wilhelmstr. 13.

Volksbuchverlag Wien, Wien, s. **Wiener Volksbuchverlag G. m. b. H.**

Volksbücherei-Verlag Goslar, Aug. Hans Rupp, Goslar, Clausbruchstr. 14.

VEB **Volkskunstverlag Reichenbach i. V.**, Reichenbach (Vogtl.), Roßplatz 15.

Volksliturgischer Verlag, Klosterneuburg, s. **Volksliturgisches Apostolat.**

Volksliturgischer Verlag, München-Solln, Emil-Dittler-Str. 12.

Volksliturgischer Verlag Ferdinand Schöningh, Wien, I., Zedlitzgasse 3.

Volksliturgisches Apostolat, Klosterneuburg b. Wien.

Volksverband der Bücherfreunde Wegweiser-Verlag G. m. b. H., Berlin-Charlottenburg 2, Berliner Str. 42-43.

Volksverlag Elgg, Elgg (Kt. Zürich).

Volkswirtschaftlicher Verlag G. m. b. H., Kempten (Allgäu), Feilbergstr. 106.

Volks-Woche, Wien, VII., Seidengasse 3-11.

Vollmer, A., Münster, s. **Verlag A. Vollmer.**

Vorarlberger Verlagsanstalt Dornbirn G. m. b. H., Dornbirn I (Vorarlberg), Freiheitsplatz 12.

Vordruckverlag Reckinger & Co. K. G., Siegburg, Luisenstr. 100; St. Goar, Heerstr. 157.

Vorländer K. G., Siegen, Obergraben 5/1.

Vorwerk Verlag, Friedrich, Stuttgart S, Stafflenbergstr. 28.

Vowinckel Verlag K. G., Kurt, Heidelberg, Schloß-Wolfsbrunnenweg 36.

VSSM-Verlag (Verband schweizer. Schreinermeister), Zürich 1, Bahnhofsplatz 9.

Vulkan-Verlag Dr. W. Classen, Essen, Wiesenstr. 55.

VVB Verlag Dresdner Verlag, Dresden, s. VEB **Verlag der Kunst.**

VVN-Verlag, G. m. b. H., Berlin NW 7, Friedrichstr. 109.

VVV, s. **Eigenname des Verlages.**

Wachholtz Verlag, Karl, Neumünster (Holst.), Gänsemarkt 2-3.

Wächter-Verlag, Wien, I., Herrengasse 5.

Wächter-Verlag, R. Haller, Zürich, Streizholzstr. 7.

Waerland-Verlag, Hamburg-Rahlstedt, Kuehnstr. 252, Postf. 47.

Wäschereitechnik und -chemie-Verlags-G. m. b. H., Marburg (Lahn), Cappeler Str. 8, Postf. 3.

Wagener, F. L., Lemgo, Mittelstr. 23.

Wagnersche Universitätsbuchhandlung K. G., Fr., Freiburg (Br.), Kaiser-Joseph-Str. 195.

Wagner G. m. b. H., Innsbruck, s. **Universitätsverlag Wagner G. m. b. H.**

Wagner'sche Universitätsbuchdruckerei, Innsbruck, Erler Str. 5-7.

Wahl, Eugen, Stuttgart, s. **Verlag Eugen Wahl.**

Waldwerk-Verlag, Buchdruckerei und Verlag Gutenberg, Melsungen, Eisfeld 29.

Waisenhaus-Buchdruckerei Braunschweig, Braunschweig, Hinter Liebfrauen 1a; s. a. **Verlag Waisenhaus-Buchdruckerei Braunschweig**, Braunschweig.

Waldheim-Eberle, Wien, VII., Seidengasse 3-11.

Waldmann-Verlag, Zürich, Bahnhofstr. 14.

Waldstatt Verlag, Einsiedeln, s. **Verlagsanstalt Waldstatt.**

Walhalla-Verlag, Regensburg, Lindenstr. 19.

Wallimann-Huber, Josef, Beromünster (Kt. Luzern).

Walter, Hubert Karl, Berlin-Charlottenburg, jetzt: Berlin-Tempelhof, Friedrich-Karl-Str. 34.

Walter, Otto, A. G., Olten, s. **Verlag Otto Walter A. G.**

Walter Verlag o. H. G., A. J., Wien, I., Kohlmarkt 11.

Walther, Wilhelm, Oldenburg (Oldb.), Nordstr. 7.

Walther Verlag, Dr. Carl, Wiesbaden, Wilhelminenstr. 37.

Wanderer-Verlag, Zürich, Stampfenbachstr. 114.

Warne & Co., Ltd., London, W. C. 2, 1-4 Bedford Court, Bedford Street; New York, 79 Madison Av.

Wartburg Buchhandlung Alfred Brunner, Wien, VII., Neubaugürtel 26.

Wartburg-Verlag Max Keßler, Jena, Postf. 49.

Warth-Verlag, Thun (Kt. Bern), Obere Wart.

Wasmuth Verlag K. G., Ernst, Tübingen, Gartenstr. 43.

Watch tower Bible and tract soc., Bern, Allmendstr. 39.

Wauer, E. A., São Paulo (Brasilien), Caixa Postal 8053.

Webels Verlagsbuchhandlung, Willi, Essen-Steele, Bochumer Str. 55.

Weber, Robert, Heiden (Kt. Appenzell A. R.).

Weber Verlag, Gerhard, Lorch (Württ.), Postf.

Weber Verlag Hans von, München-Obermenzing, Menzinger Str. 148.

Weber, Paul, Pforzheim, Westliche 91-93.

Wedding-Verlag G. m. b. H., Berlin N 65, Reinickendorfer Str. 3.

Weege-Mentor-Verlag, Robert, Bietigheim, jetzt: **Mentor Verlag G. m. b. H.**, Stuttgart, Rotenwaldstr. 43.

Weger, A., Bressanone (Italien), Via Roma, Via Torre bianca.

Wegner Verlag G. m. b. H., Christian, Hamburg 1, Speersort 1, Pressehaus.

Weg-Verlag, Kury & Co., Wien, III., Hauptstr. 33.

Wegweiser für Heimatvertriebene G. m. b. H., Frankfurt (Main), Goethestr. 29.

Wegweiser-Verlag G. m. b. H., Berlin-Charlottenburg, Joachimsthaler Str. 41.

WegweiserVerlag, Troisdorf-Oberlahr, s. **Jarschel, Max, Wegweiser-Verlag.**

Wegweiser-Verlagsgesellschaft m. b. H., Wien, IX., Nußdorfer Str. 5.

Wegweiser Zeitschriftengesellschaft, Darmstadt, Küchlerstr. 6.

Wehle, Rudolf, Wien, I., Walfischgasse 14.

Wehnert & Co., Otto, Hollfeld, Neue Bamberger Str. 1.

Weibel, Fritz, Thun (Kt. Bern), Unterbälliz 20.

Weichert-Verlag, A., Berlin, jetzt: Hannover, Engelbosteler Damm 134.

Weidemann's Buchhandlung u. Antiquariat (Heinrich Witt), Fr., Hannover, Schillerstr. 17.

Weidmannsche Verlagsbuchhandlung, Berlin-Charlottenburg 9, Reichsstr. 107.

Weidmann-Greven-Verlag, Berlin-Grunewald, Hohenzollerndamm 105-110.

Weiland Nachf., Gustav, Lübeck, Königstr. 70-72.

Weilheimer Verlag für Wissenschaft und Technik G. m. b. H., Münster (Westf., [erloschen]).

Weinblatt-Verlag Daniel Meininger, Neustadt a. d. Weinstr., Maximilianstr. 11-17.

Weinbrenner & Söhne, Karl, Stuttgart 1, Kolbstr. 4C, Postf. 104.

Weinhold, Willi, vorm. Bücherstube A. G., St. Gallen, Bahnhofstr. 2.

Weinmayer, Dr. K., München, s. **Buchverlag Dr. Konrad Weinmayer, G. m. b. H.**

Weise's Hofbuchhandlung, Julius, Stuttgart N, Fürstenstr. 1.

Weismann Verlag, Willi, München 27, Herzogparkstr. 2.

Weiß, Dr. Jakob, Affoltern am Albis, s. **Aehren-Verlag Dr. Jakob Weiß.**

Weiss Verlag, Gebrüder, Berlin, s. **Neue Verpackung, Die, (Gebr. Weiss Verlag).**

Weiss Verlag, Gebrüder, München 13, Schellingstr. 39.

„Weiße Welt"-Edition, Wien, IX., Frankgasse 1.

Weizacker-Verlag, Arolsen (Waldeck), Schloßstr. 6 I, Postf. 43.

Weleda-Verlag, A. G., Arlesheim (Kt. Basel-Land).

Welge, Wilhelmshaven, s. **Werbe-Welge.**

Weller, C. A., Berlin-Schöneberg, Meraner Str. 6; Wiesbaden, Bahnhofstr. 39.

„Welt, Eine, der Vereinten Nationen", Wien, I., Graben 27.

Welt, Die, Verlagsgesellschaft m. b. H., Hamburg 36, Gr. Bleichen 38-52.

Weltmode-Verlag, Nürnberg, s. **Editions Wemo, Weltmode-Verlag.**

Weltweite Verlag, Der, Gmunden, Wien (erloschen).

Wendelins-Werk, Einsiedeln (Kt. Schwyz).

Wengenroth, Erich, Köln, Schaafenstr. 25a.

Wenschow G. m. b. H., Karl, München 23, Leopoldstr. 175.

Wenzel & Sohn, Gustav, Braunschweig, Augustplatz 11.

Wepf & Co., Basel, Eisengasse 5.

Werbe-Welge, Wilhelmshaven, Kieler Str. 25.

Werkbrüder-Verlag, Kassel-Wilhelmshöhe, Im Druseltal 8.

Werkbund-Verlag Binotsch & Waltmann, Würzburg, Adalberostr. 3.

Werkgemeinschaft Silvania, Zug (Schweiz).

Werk-Verlag Dr. Edmund Banaschewski, Bad Wörishofen, jetzt: München-Gräfelfing, Hans-Cornelius-Str. 4, Berlin-Friedenau, Isoldestr. 10.

Werk-Verlag K. G., Frisch & Perneder, Lindau (Bodensee), Giebelbachstr. 12.

Werner A. G., Karl, Basel, Kanonengasse 32.

Werner-Verlag G. m. b. H., Düsseldorf-Lohausen, Am Vogelsang 12.

Werner, A., Wien, I., Bösendorfer Str. 4-14.

Werra-Verlag G. m. b. H., Eschwege.

Wertpapier-Mitteilungen, Frankfurt (Main), jetzt: Köln I, Postf.

Wervereis G. m. b. H., Baden-Baden, Seelach 5.

Wesel, Franz W., Baden-Baden, Rheinstr. 143.

Wesemeyer, Kurt, Hamburg 36, Neuer Wall 8.

Weserland-Verlag Hans-Joachim Hüpke, Holzminden, Bismarckstr. 3.

Westdeutsche Verlags- u. Druckereigesellschaft, Frankfurt (Main), Neue Mainzer Str. 14-16.

Westdeutscher Verlag G. m. b. H., Köln-Ehrenfeld, Subbelrather Str. 186; Opladen, Ophovener Str. 1-3.

Westermann Verlag, Georg, Braunschweig, Georg Westermann-Allee 66; Hamburg 36, Hohe Bleichen 8; Berlin W 15, Pariser Str. 62; München 15, Goethestr. 3, II; Kiel, Langer Segen 8-10; Darmstadt, Holzhofallee 36.

Westfälische Vereinsdruckerei A. G., Münster (Westf.), Postf. 320.

Westfälische Verlagsbuchhandlung, Mocker & Jahn, Soest, Grandweg 1a.

Westholsteinische Verlagsanstalt und Verlagsdruckerei Boyens & Co., Heide (Holst.), Wulf-Isebrand-Platz 1-3.

Westkulturverlag Anton Hain, Meisenheim (Glan).

West-Ost-Verlag, Saarbrücken, Ursulinenstr. 1.

Westphal Verlag, Franz, Wolfshagen-Scharbeutz (Lübecker Bucht).

West-Verlag G. m. b. H., Essen-Bredeney, Benzstr. 5a.

Wetzikon und Rüti A. G., Wetzikon, s. **Buchdruckerei Wetzikon und Rüti A. G.**

Wewel, Erich, Krailling, jetzt: Freiburg (Br.), Weiherhofstr. 2.

Wichern-Verlag Herbert Renner K. G., Berlin-Spandau, Ev. Johannisstift.

Wichmann Verlag G. m. b. H., Herbert, Berlin-Wilmersdorf, Hildegardstr. 5.

Wiechmann-Verlag, Hermann A., Starnberg vor München.

Wiegand, A., Frankfurt (Main), Gärtnerweg 6.

Wiener Dom-Verlag G. m. b. H., Wien, I., Weihburggasse 22.

„Wiener Küche", Wien, s. **Ruhm-Verlag „Wiener Küche".**

Wiener Kurier, Wien, s. **Verlag des Wiener Kurier.**

Wiener Melange-Verlag, Wien, I., Rosenbursenstr. 4.

„Wiener Monatshefte" Verlagsgesellschaft m. b. H., Wien, I., Bäckerstr. 16.

„Wiener Montag" Zeitungsgesellschaft m. b. H., Wien, III., Beatrixgasse 32.

Wiener Phönix Verlag, Dr. Carl Plank, Wien, I., Jordangasse 9.

Wiener Verlag, Wien, XII., Niederhofstr. 37.

Wiener Verlagsanstalt (Böhme & Co.), Wien, I., Johannesgasse 15.

Wiener Volksbuchhandlung, Wien, s. **Verlag der Wiener Volksbuchhandlung.**

Wiener Volksbuchverlag G. m. b. H., Wien, VII., Schottenfeldgasse 24.

Wigankow, Horst, Berlin N 65, Chausseestr. 72.

„Wihag"-Buchdruckerei G. m. b. H., Hamburg 20, Hegestr. 40.

Wila, Verlag für Wirtschaftswerbung Wilhelm Lampl, München 12, Landsberger Str. 191.

Wildner, Dr. Irmin M., Lübeck, Augustenstr. 20a.

Wilhelmiana-Musikverlag (Edition Wilhelm Hansen, Kopenhagen, **Nordiska Musikförlaget** Stockholm), Frankfurt (Main), Bleichstr. 55-57.

Wilkens Verlag, Bruno, Hannover-Buchholz, Hansinckstr. 11, Postf. 4.

Williams & Co. Verlag, Berlin W 15, Meinekestr. 3.

Willibrordbuchhandlung, Bonn, Baumschulallee 9.

Willibrordus-Verlag, Kleve; Kevelaer (Rhld).

Windhager Verlag, J., Tübingen, Anschrift: Stuttgart W, Weimarstr. 43.

Winfried-Werk G. m. b. H., Augsburg, Frauentorstr. 5.

Winkelmann-Verlag, Kurt, Hamburg 20; Anschrift: Abbensen 16 über Lehrte.

Winkelried-Verlag A. Wicki, Luzern, Winkelriedstr. 62.

Winklers Verlag, Gebrüder Grimm, Darmstadt, Bismarckstr. 76-80.

Winkler-Verlag, München 23, Kaulbachstr. 85.

Winkler & Co., Eugen, Wien, I., Reichsratstr. 5.

Winter Universitätsverlag G. m. b. H., Carl, Heidelberg, Lutherstr. 59.

Wirth, Otto, Amberg (Obpf.), Schlachthausstr. 5;
s. a. **Deutscher Tabak-Verlag Otto Wirth.**

Wirtschafts-Archiv M. Becker & Co. K. G., Minden (Westf.), Kampstr. 23.

Wirtschaftsdienst-Verlag und Druckerei G. m. b. H., Frankfurt (Main), Goethestr. 29.

Wirtschaftsverlag Dr. A. Orac, Wien, s. **Orac, Dr. Anton, Wirtschaftsverlag.**

Wirtschaftsverlag W. Rohscheid, Soltau (Hann.), Kirchstr. 2; Neuß (Rhein), Fringstr. 13.

Wirtschaftsverlag W. & C. Schumacher, Hamburg 11, Adolphsbrücke 11.

Wirtschaftswissenschaftlicher Verlag, Olten (Kt. Solothurn).

Wirz & Cie., Aarau (Kt. Aargau), Graben 32.

Wissenschaftliche Buchhandlung Robert Lerche (vorm. I. G. Calve'sche Universitätsbuchhandlung), München 15, Waltherstr. 27.

Wissenschaftliche Bücherei G. Braun, Karlsruhe, s. **Braun vorm. G. Braunsche Hofbuchdruckerei und Verlag G. m. b. H.**

Wissenschaftliche Verlagsanstalt, Hannover, jetzt: **Schroedel Verlag K. G., Hermann.**

Wissenschaftliche Verlagsgesellschaft m. b. H., Stuttgart 1, Tübinger Str. 53.

Wissenschaftlicher Bäckerei- und Konditorei-Verlag, Bochum, Kortumstr. 110.

Wittemann, Hermann, Buchen (Odenwald).

Wittich'sche Hofbuchdruckerei, L. C., (L. C. Wittich Verlag), Darmstadt, Bleichstr. 4.

Wittig Verlag, Friedrich, Hamburg 39, Bebelallee 11.

Wittwer, Konrad, Stuttgart, Königstr. 40 u. Schloßstr. 14.

Woehl, Waldemar, Soyen, s. **Hausmusikverlag Waldemar Woehl.**

Wöhrmann, Thea, Oldenburg (Oldb.), Lindenallee 28.

Woeller, Lothar, Frankfurt (Main), Schillerstr. 30-40.

Wohlmuth-Verlag, Schlachters b. Lindau (Bodensee).

Dr. Wolf & Sohn K. G., München 2, Jungfernturmstr. 2.

Wolff, Christian, Flensburg, s. **Verlagshaus Christian Wolff G. m. b. H.**

Wolfrum, Wien, s. **Kunstverlag Wolfrum.**

Wolters, N. V. I. B., Uitgevers Maatschappij, Groningen, Oude Boteringestraat 24; Djakarta.

Wormser Verlagsdruckerei, Worms, Postf. 83.

Worré-Mertens, P., Luxemburg, s. **Verlag P. Worré-Mertens.**

Wrba, L., Wien, s. **Verlag Wrba, Lisa K.**

Wrede, Otto, Regina-Verlag, Wiesbaden, Adolfsberg 2, Postf. 383.

Wulff & Co., Dortmund-Lütgendortmund, s. **Druckerei- und Verlagsgesellschaft Wulff & Co.**

Wullenwever-Druckverlag, Lübeck, Dr. Julius-Leber-Str. 46.

Wunderhorn-Verlag, Heidelberg, Hauptstr. 92; s. a. **Freiheit-Verlag,** Heidelberg.

Wunderlich, Ernst, Leipzig, s. **Jugendbuchverlag Ernst Wunderlich.**

Wunderlich Verlag, Rainer (Hermann Leins), Tübingen, Brunnenstr. 30; Stuttgart, Körnerstr. 43.

Wunderlich, Ernst, Worms, Schloßgasse 5.

Wurm Verlag, Dr. Carl, Straubing, Bahnhofstr. 8.

Wurzel, Ernst, Zürich 6, Tannenstr. 17.

Wyß Erben A. G., K. J., Bern, Effingerstr. 17.

Yin Verlag, München 23, Giselastr. 8.

Zbinden & Co., R. G., Basel,. St. Albanvorstadt 16.

Zeise & Co., Robert, Lehrmittel- und Spiele-Verlag, Regensburg, Prüfeninger Str. 87.

„Zeit, Die", Zeit-Verlag E. Schmidt & Co., G. m. b. H., Hamburg 1, Curienstr. 1, Pressehaus.

Zeitschriftenverlag Ployer, Wien, VI., Aegidigasse 5.

Zeitschriften Verlagsgesellschaft, Hamburg 20, Hegestr. 40.

Zeitungs- u. Zeitschriftenverlag J. Marsidouschreg & Co., Wien, IV., Gußhausstr. 24.

Zeit-Verlag, Hamburg, s. **„Zeit, Die", Zeit-Verlag E. Schmidt & Co., G. m. b. H.**

Zeitwende-Verlag, Salzburg, Pfeifergasse 8.

Zeller, Toni, Pforzheim, Westliche 84a.

Zeller & Schmidt's Verlag, Stuttgart S, Neue Weinsteige 92.

Zentralblatt für Sozialversicherung und Versorgung (Dr. Dr. Kurt H. Pelzer), Düsseldorf-Grafenberg, Hirschburg.

Zentralstelle des Borromäus-Vereins, Bonn, s. **Verein vom hl. Karl Borromäus e. V.**

Zentralstelle der Katholischen Schriftenmission, Leutesdorf, s. **Johannes-Verlag,** Leutesdorf (Rhein).

Zentralstelle für wissenschaftliche Literatur, Berlin NW 7, Unter den Linden 8.

Zeuner & Co., Carl, Bad Homburg v. d. H., Haingasse 20.

Ziegler Verlag, Dr. Siegfried, München-Pasing, Engelbertstr. 7.

Ziegler'sche Buchdruckerei und Verlagshandlung K. G., J. F., Remscheid, Alleestr. 13-17, Postf. 217-218.

Ziemann-Molitor, Heinrich, Musikverlag, Hamburg 13, Hansastr. 36.

Ziemsen Verlag, A., Wittenberg Lutherstadt, Lukas-Cranach-Str. 21.

Zierden, E. [R.], Luxemburg.

Zimmer & Herzog o. H. G., Berchtesgaden-Schönau, Malerhäusl.

Zink Verlag, Karl, München 25, Lindenschmitstr. 47.

Zionist Education Department of the WIZO Executive, Tel-Aviv (Israel), 8 Beth Hashoeva Lane.

Zofinger Tageblatt A. G., Zofingen (Kt. Aargau).

Zollikofer & Co., St. Gallen, Kornhausstr. 28.

Zsolnay Verlag G. m. b. H., Paul, Berlin-Charlottenburg, Bleibtreustr. 47; Hamburg 1, Mönckebergstr. 11; Wien, IV., Prinz-Eugen-Str. 30.

Zürchers Erben, W., Zug, Bahnhofstr. 16.

Zuerl-Verlag, Höxter (Westf.), jetzt: **Zuerl, Walter, VDI, Fachverlag für Luft- und Kraftfahrt,** München 15, Pettenkoferftr. 38.

Zumstein & Cie., Bern, Marktgasse 20.

Zwingli-Verlag, Zürich, s. **Evang. Buchhandlung und Zwingli-Verlag A. G.**

III/18/85 Sonderdruck a. d. Jahresverzeichnis des deutschen Schrifttums. 2070 953

Deutsche Bücherei

GESAMTARCHIV DES DEUTSCHEN SCHRIFTTUMS SEIT 1913

Zentralkatalogisierung des deutschen Schrifttums

Bibliographische Auskunftstelle — Bestand 1952: 2 250 000 Bände

---

NEUE MITTEILUNGEN
AUS DER DEUTSCHEN BÜCHEREI

BIBLIOGRAPHISCHE TÄTIGKEIT

1. Deutsches Bücherverzeichnis 1941—1950

Umfang etwa 48 Lieferungen zu je 160 Seiten.

Die Leipziger Mehrjahrsverzeichnisse, die das Schrifttum von 1700—1940 laufend verzeichnen, werden jetzt für das Jahrzehnt 1941—1950 fortgesetzt. Das neue Verzeichnis wird rund 310 000 Titel zählen und in einem Stich- und Schlagwortregister ebenso viele Nachweise in sachlich-alphabetischer Anordnung bringen. Außerdem wird wie bei den früheren Ausgaben eine Zusammenstellung der eingetretenen Firmen- und Verlagsänderung angeschlossen werden. Die ersten Lieferungen sind bereits erschienen.

Das Bücherverzeichnis 1941—1950 enthält die Titel sämtlicher während der Berichtszeit in Deutschland, Österreich, der Schweiz und dem übrigen Ausland herausgekommenen deutschsprachigen Verlagserscheinungen, einschließlich der in der Berichtszeit erschienenen Zeitschriften mit ihren vielfachen Veränderungen sowie der wichtigsten Erscheinungen außerhalb des Buchhandels.

Der Preis je Lieferung mit 160 Seiten beträgt 18,50 DM.

2. Jahresverzeichnis des deutschen Schrifttums

1945/46	246 + 100 S.	=	25.— DM
1947	484 S.	=	45.— „
1948	706 S.	=	60.— „
1949	980 S.	=	110.— „
1950	946 S.	=	100.— „

1951 T. 1: Titelverzeichnis = 751 S. = 92.— DM
T. 2: Stich- und Schlagwortreg. 454 S. = 70.— DM
1952 wird zur Zeit bearbeitet

Jg 1951 enthält außer dem Alphabetischen Titelverzeichnis, dem Stich- und Schlagwortregister sowie der Liste der Firmen- und Verlagsänderungen ein *Adressenverzeichnis* sämtlicher Verlage, die in dem Jahresverzeichnis vertreten sind. Die Beigabe dieser Adressen ist für die Benutzer der Bibliographie dringend erwünscht. Das Adressenverzeichnis wird als Sonderdruck auch an die Abonnenten der "Deutschen Nationalbibliographie" abgegeben. Bestellungen auf den Sonderdruck allein können nicht ausgeführt werden.

3. Deutsche Nationalbibliographie

Die Nationalbibliographie erscheint nach wie vor in der bewährten Zweiteilung

Reihe A: Neuerscheinungen des Buchhandels
(wöchentl.) - vierteljährlich = 14.— DM
Reihe B: Neuerscheinungen außerhalb des Buchhandels
(halbmonatl.) - vierteljährlich = 12.50 DM

In beiden Reihen sind die Titel nach 24 Wissensgebieten geordnet, so daß es möglich ist, sowohl die Gesamtheit der Neuerscheinungen als auch das Schrifttum eines einzelnen Fachgebietes laufend zu verfolgen. Auf größtmögliche Vollständigkeit wird nach wie vor Wert gelegt. Neuerdings bringt die Nationalbibliographie Voranzeigen und bei den Titelaufnahmen auch Hinweise auf etwaige versteckte Bibliographien. Bei der Verzeichnung von Festschriften und ähnlichen Sammelwerken wissenschaftlichen Charakters wird eine Inhaltsangabe der darin enthaltenen größeren Aufsätze gebracht. Die in diesen Inhaltsangaben vorkommenden Verfassernamen und Sachtitel erscheinen auch im Register der "Deutschen Nationalbibliographie".

4. Jahresverzeichnis der deutſchen Hochſchulſchriften

1945/48	1091 S. =	138.— DM
1949	652 S. =	82.— „
1950	725 S. =	92.— „

1951 wird zur Zeit bearbeitet

Um eine ſtörende Lücke zu ſchließen, befinden ſich die Jahrgänge 1943 und 1944 gleichfalls in Bearbeitung. Der Jg 1943 wird noch im Jahre 1953 erſcheinen.

5. Deutſches Muſikalienverzeichnis 1945—1955

wird laufend bearbeitet.

6. Jahresverzeichnis der deutſchen Muſikalien und Muſikſchriften

1945/48	399 S. =	40.— DM
1949	465 S. =	60.— „
1950	554 S. =	96.— „
1951	582 S. =	96.— „

1952 wird zur Zeit bearbeitet.

7. Deutſche Muſikbibliographie

Erſcheint monatlich mit einem Alphabetiſchen Titelverzeichnis, einem Verlagsregiſter und einem vierteljährlich beigefügten Syſtematiſchen Teil. Preis vierteljährlich 10.80 DM.

8. Bibliographie der Überſetzungen deutſcher Bücher in fremde Sprachen ſowie fremdſprachige Bücher über Deutſchland und deutſche Perſönlichkeiten

Erſcheint ab Januar 1954 vierteljährlich als ſelbſtändige Bibliographie nach Sprachen und Sachgebieten geordnet mit je einem Verfaſſer-, Überſetzer- und Verleger-Regiſter und zeigt alle ab 1951 erſchienenen Überſetzungen deutſchſprachiger Bücher in fremde Sprachen an.

Eine Zuſammenfaſſung der in den Jahren 1941 bis 1950 erſchienenen Überſetzungen befindet ſich in Vorbereitung.

9. Fünfjahresverzeichnis der Kunstblätter 1945—1950

Alphabetisches Verzeichnis nach Künstlern mit Sachregister und Verlagsregister, 171 S., Preis 12.— DM.

10. Bibliographie der Kunstblätter

Erscheint vierteljährlich als Beilage zum Leipziger Börsenblatt für den Deutschen Buchhandel.

11. Bibliographie der versteckten Bibliographien

Wird seit 1951 bearbeitet und voraussichtlich Ende 1953 erscheinen.

12. Bibliographie der Krebsforschung

Es ist geplant, auch diese seit 1951 bearbeitete Bibliographie demnächst herauszugeben.

13. Zetteldrucke

Von sämtlichen Titeln der "Deutschen Nationalbibliographie", der "Deutschen Musikbibliographie", der "Bibliographie der Kunstblätter" und des "Jahresverzeichnisses der deutschen Hochschulschriften", werden Zetteldrucke (gedruckte Katalogkarten) in der Größe 7,5× 12,5 cm hergestellt. Diese Zetteldrucke können in beliebiger Anzahl einzeln, in ganzen Gruppen (entsprechend der Gruppeneinteilung) und in ihrer Gesamtheit bezogen werden. Preis bei Bestellung innerhalb einer Frist von 10 Tagen nach dem jedem Bibliographieheft aufgedruckten Ausgabetermin = 2 Dpf je Titel, bei nachträglicher Bestellung rücklaufend bis 1941 = 3 Dpf je Titel.

Auslieferung für Westdeutschland:
Kawe, Berlin-Charlottenburg, Bahnhof Zoologischer Garten;
Auslieferung für das Ausland:
Koehler & Volckmar, Leipzig C1, Leninstr. 16

Die Verleger werden gebeten, im Interesse der Vollständigkeit der Bibliographien und des genauen Nachweises der Bezugsquellen sowie des Urheberrechts

a) von allen Neuerscheinungen ein Belegexemplar unter Beifügung der Preise und Bezugsbedingungen

b) Angaben über eingetretene Verlagsänderungen (Übernahme einzelner Werke oder ganzer Gruppen aus anderen Verlagen)

zu senden an die

Deutsche Bücherei, Leipzig C1, Deutscher Platz

III/18/19 Lp 18601/53 5000 853

FSC
www.fsc.org
MIX
Papier | Fördert gute Waldnutzung
FSC® C083411